王筑娟 陈炼 主编

孙海云 沈昕 黄亦虹 张芳 李娟 周及人 胡洪江 副主编

高等应用数学习题册（上）

清华大学出版社
北京

内容简介

本书内容包括：函数与极限、导数、微分中值定理与导数的应用、不定积分、定积分、定积分的应用、常微分方程，该部分是传统的微积分内容．同时，其中有 5 章还配有"程序实现"内容，该部分是简单的 MATLAB 程序实现．此外，本书还附带一份预备知识，主要用来回顾初等数学的内容，是高等数学的预备知识．

本书与现行的大部分高等数学教材同步，可作为教材的同步练习．习题册配有全部习题答案和部分习题的解答提示，MATLAB 程序实现部分为高等数学的应用提供了有益的帮助和启发．

本书既可以作为普通高等院校理工类、经管类本科生的参考资料，也可供研究生入学考试的备考训练使用．

版权所有，侵权必究．举报：010-62782989，beiqinquan@tup.tsinghua.edu.cn.

图书在版编目(CIP)数据

高等应用数学习题册．上/王筑娟，陈炼主编．—北京：清华大学出版社，2017(2024.7重印)
ISBN 978-7-302-47811-9

Ⅰ．①高…　Ⅱ．①王…　②陈…　Ⅲ．①应用数学－高等学校－习题集　Ⅳ．①O29-44

中国版本图书馆 CIP 数据核字(2017)第 168953 号

责任编辑：汪　操
封面设计：何凤霞
责任校对：王淑云
责任印制：丛怀宇

出版发行：清华大学出版社
网　　址：https://www.tup.com.cn，https://www.wqxuetang.com
地　　址：北京清华大学学研大厦 A 座
邮　　编：100084
社 总 机：010-83470000
邮　　购：010-62786544
投稿与读者服务：010-62776969，c-service@tup.tsinghua.edu.cn
质量反馈：010-62772015，zhiliang@tup.tsinghua.edu.cn

印 装 者：北京嘉实印刷有限公司
经　　销：全国新华书店
开　　本：260mm×185mm　　印　张：7.25　　字　数：202 千字
　　　　　（附参考答案 1 本）
版　　次：2017 年 8 月第 1 版　　印　次：2024 年 7 月第10次印刷
定　　价：35.00 元

产品编号：075079-04

前　　言

本习题册包含多种题型：选择题、填空题、计算题、证明题、综合题. 除每章的总习题外，主要按难度划分为基础题、提高题、综合题、思考题. 基础题直接考查较简单的基本概念、性质、公式和方法；提高题则是需要多步骤计算或者涉及本节多个知识点的题目，但也属于必须掌握的范畴；综合题涉及多章节的知识点；思考题主要涉及较难理解、较易混淆的知识点或者比较复杂的解题思路和求解过程. 读者可以根据自己的需求选择相应难度的题目进行练习. 建议高等数学的初学者在学习过程中采取循序渐进的策略. 每一章的总习题未进行难度划分，因为考虑到该章的学习已经结束，读者应该已经掌握判断本章题目难度的能力.

为使读者能够在高等数学的学习过程中逐步养成利用数学思维来思考问题的习惯，为了锻炼读者利用数学方法解决问题的能力，本书在一些章中增加了"程序实现"部分，给出了一些简单的 MATLAB 程序题，该部分也给出了示例程序. 读者可以借鉴这些程序，对给出的问题进行编程计算. 鉴于上册所涉主要是一元微积分的基础，因此本书只是给出了一些数学练习题；当学生有了较为扎实的数学功底后，下册将介绍一些实用的数学方法以及应用性的练习，使读者能够提高解决实际问题的能力.

另外，本习题册每节都给出了知识提要，方便读者进行知识回顾. 为使读者能够更容易实现从初等数学到高等数学的过渡，我们在上册中特附加了预备知识部分，在其中列举出了在高等数学的学习过程中需要用到的初等数学知识点，并配以适当的练习，方便巩固数学基础.

在本习题册的编写过程中，严宗元老师认真负责地审阅了全书，提出了许多宝贵的意见，发现了不少错误，极大地提高了习题册的质量. 习题册初稿完成后，张雯莹老师独立地给出了所有习题的解答，很大程度上保证了习题答案的正确性. 对严宗元老师和张雯莹老师的无私帮助，表示衷心的感谢.

由于时间仓促，编者水平有限，书中难免有疏漏和不足之处，恳请广大读者和同行提出宝贵意见，以便日后做出修订，使本习题册更加完善.

编　者

2017 年 5 月于上海应用技术大学

目 录

第 1 章　函数与极限 ………………………………… 1
　习题 1-1　数列的极限 …………………………… 1
　习题 1-2　函数的极限 …………………………… 3
　习题 1-3　无穷小与无穷大 ……………………… 5
　习题 1-4　极限的运算法则 ……………………… 6
　习题 1-5　极限存在准则与重要极限 …………… 9
　习题 1-6　无穷小的比较 ………………………… 12
　习题 1-7　函数的连续性和间断点 ……………… 15
　习题 1-8　连续函数的运算与初等函数的连续性 … 17
　习题 1-9　闭区间上连续函数的性质 …………… 18
　习题 1-P　程序实现 ……………………………… 20
　总习题 1 …………………………………………… 22

第 2 章　导数 ………………………………………… 24
　习题 2-1　导数的概念 …………………………… 24
　习题 2-2　函数的求导法则 ……………………… 27
　习题 2-3　高阶导数 ……………………………… 31
　习题 2-4　隐函数及由参数方程所确定的函数的导数 … 34
　习题 2-5　函数的微分 …………………………… 37

　习题 2-P　程序实现 ……………………………… 39
　总习题 2 …………………………………………… 40

第 3 章　微分中值定理与导数的应用 ……………… 43
　习题 3-1　中值定理 ……………………………… 43
　习题 3-2　洛必达法则 …………………………… 45
　习题 3-3　泰勒公式 ……………………………… 47
　习题 3-4　函数的单调性 ………………………… 48
　习题 3-5　曲线的凹凸性与拐点 ………………… 49
　习题 3-6　曲线的渐近性及作图 ………………… 49
　习题 3-7　函数的极值和最值 …………………… 51
　习题 3-8　曲率 …………………………………… 53
　总习题 3 …………………………………………… 54

第 4 章　不定积分 …………………………………… 56
　习题 4-1　不定积分的概念与性质 ……………… 56
　习题 4-2　换元积分法 …………………………… 58
　习题 4-3　分部积分法 …………………………… 64
　习题 4-4　有理函数的积分 ……………………… 67
　习题 4-P　程序实现 ……………………………… 69

总习题 4 ·················· 69

第 5 章　定积分 ·················· **72**
习题 5-1　定积分的概念与性质 ·················· 72
习题 5-2　微积分基本公式 ·················· 74
习题 5-3　定积分的换元法和分部积分法 ·················· 77
习题 5-4　反常积分 ·················· 80
习题 5-P　程序实现 ·················· 82
总习题 5 ·················· 83

第 6 章　定积分的应用 ·················· **86**
习题 6-1　定积分的几何应用 ·················· 86
习题 6-2　定积分的物理应用 ·················· 90

总习题 6 ·················· 92

第 7 章　常微分方程 ·················· **94**
习题 7-1　微分方程的基本概念 ·················· 94
习题 7-2　一阶微分方程 ·················· 96
习题 7-3　可降阶的高阶微分方程 ·················· 100
习题 7-4　常系数齐次线性微分方程 ·················· 102
习题 7-5　常系数非齐次线性微分方程 ·················· 104
习题 7-6　微分方程的应用 ·················· 105
习题 7-P　程序实现 ·················· 107
总习题 7 ·················· 109

第1章 函数与极限

习题1-1 数列的极限

知识提要

1. [**了解,难点**] 数列极限的定义（ε-N语言）.
2. 收敛数列的性质：唯一性、有界性、保号性.
3. 极限存在的常用判断依据.

(1) 奇偶子列极限存在且相等（$\lim\limits_{n\to\infty}a_{2n-1}=\lim\limits_{n\to\infty}a_{2n}$）$\Leftrightarrow$ 极限 $\lim\limits_{n\to\infty}a_n$ 存在.

(2) 有一个子列极限不存在 $\Rightarrow$ 极限不存在,如：$1,1,2,\dfrac{1}{2},3,\dfrac{1}{3},4,\dfrac{1}{4},\cdots$.

(3) 存在两个极限不同的子列 $\Rightarrow$ 极限不存在,如：$(-1)^n$.

(4) [**理解,难点**] 极限刻画的是一个运动的过程, $\lim\limits_{n\to\infty}a_n=A$ 表示当 n 向 ∞ 运动时,数列 a_n 无限靠近 A.

基础题

1. 选择题.

(1) 当 $n\to\infty$ 时,下列数列中极限存在的是（　　）；

　A. $(-1)^n\sin\dfrac{1}{n}$　　　　B. $(-1)^n n$

　C. $(-1)^n\dfrac{n}{n+1}$　　　　D. $[(-1)^n+1]^n$

(2) 下列数列中极限不存在的是（　　）；

　A. $0,1,0,\dfrac{1}{2},0,\dfrac{1}{3},0,\dfrac{1}{4},\cdots$

　B. $2,\dfrac{1}{2},\dfrac{4}{3},\dfrac{1}{4},\dfrac{6}{5},\dfrac{1}{6},\dfrac{8}{7},\cdots$

　C. $1,\dfrac{4}{5},1,\dfrac{16}{17},1,\dfrac{36}{37},1,\cdots$

　D. $0.9,0.99,0.999,0.9999,\cdots$

(3) $\lim\limits_{n\to\infty}\dfrac{1}{n}\cos n\pi=$（　　）.

　A. 1　　　B. 0　　　C. $\dfrac{1}{2}$　　　D. 不存在

提高题

2. 试写出下列数列的通项,并指出其极限.

(1) $\dfrac{1}{2},\dfrac{1}{4},\dfrac{1}{8},\dfrac{1}{16},\dfrac{1}{32},\cdots$；　　(2) $\dfrac{1}{2},\dfrac{1}{2},\dfrac{3}{8},\dfrac{1}{4},\dfrac{5}{32},\cdots$；

(3) $0,\dfrac{1}{3},\dfrac{1}{2},\dfrac{3}{5},\dfrac{2}{3},\cdots$.

3. 试写出下列数列通项的两项递推式(形如 $a_{n+1}=f(a_n)$);若极限存在,指出其极限.

(1) $1,2,5,14,41,122,\cdots$;   (2) $41,14,5,2,1,\cdots$.

4. 试写出下列数列通项的三项递推式(形如 $a_{n+1}=f(a_n,a_{n-1})$).

(1) $1,2,3,5,8,13,\cdots$;   (2) $1,2,2,4,8,32,\cdots$.

思考题

5. 判断下列说法是否正确;若不正确,试举出反例.

(1) (a) 若随着 n 的增大,x_n 与常数 A 越来越接近,则 $\lim\limits_{n\to\infty}x_n=A$;

(b) 若 $\lim\limits_{n\to\infty}x_n=A$,则随着 n 的增大,x_n 与常数 A 越来越接近;

(2) (a) 若数列 $\{x_n\}$ 发散,则 $\{x_n\}$ 必定无界;

(b) 若数列 $\{x_n\}$ 无界,则 $\{x_n\}$ 必定发散;

(3) (a) 若数列 $\{x_n\}$ 收敛,则 $\{x_n\}$ 必定有界;

(b) 若数列 $\{x_n\}$ 有界,则 $\{x_n\}$ 必定收敛;

(4) 若对任意 $\varepsilon>0$,存在正整数 N,使得当 $n>N$ 时总有无穷多个 x_n 满足 $|x_n-a|<\varepsilon$,则 $\lim\limits_{n\to\infty}x_n=a$.

习题 1-2 函数的极限

知识提要

1. [了解] 函数极限中,自变量趋势的 6 种情况:
$$x \to x_0^-, \quad x \to x_0^+, \quad x \to x_0;$$
$$x \to -\infty, \quad x \to +\infty, \quad x \to \infty.$$

2. [了解,难点] 函数极限的定义（ε-δ,ε-X 语言）.

3. 函数极限的性质:唯一性、局部有界性、局部保号性.

4. [重点] 函数极限的判断依据之一:左、右极限存在且相等.

5. [理解,难点] 极限刻画的是一个运动的过程,$\lim\limits_{x \to \square} f(x) = A$ 表示当 x 向 □ 运动时,函数 $f(x)$ 无限靠近 A.

基础题

1. 选择题.

(1) 函数 $y = f(x)$ 在 $x = a$ 处有定义是 $\lim\limits_{x \to a} f(x)$ 存在的(　　)条件;

    A. 充分   B. 必要

    C. 充要   D. 既非充分也非必要

(2) 函数 $y = f(x)$ 在 $x = a$ 处的左、右极限都存在且相等是它在该点处有极限的(　　)条件;

    A. 充分   B. 必要

    C. 充要   D. 既非充分也非必要

(3) 从 $\lim\limits_{x \to x_0} f(x) = 1$ 不能推出(　　);

    A. $\lim\limits_{x \to x_0^+} f(x) = 1$ B. $f(x_0^-) = 1$

    C. $f(x_0) = 1$ D. $\lim\limits_{x \to x_0}[f(x) - 1] = 0$

(4) 下列极限中,不正确的是(　　);

    A. $\lim\limits_{x \to 3^-}(x+1) = 4$ B. $\lim\limits_{x \to 2} \dfrac{1}{x+1} = \dfrac{1}{3}$

    C. $\lim\limits_{x \to 1} 2^{\frac{1}{x-1}} = \infty$ D. $\lim\limits_{x \to 0^+} 10^{\frac{1}{x}} = +\infty$

(5) 当 $x \to +\infty$ 时,$f(x) = \arctan x$(　　);

    A. 以 0 为极限   B. 以 $\dfrac{\pi}{2}$ 为极限

    C. 是无穷大   D. 没有极限

(6) 当 $x \to \infty$ 时,$f(x) = \arctan x$(　　);

    A. 以 $\dfrac{\pi}{2}$ 为极限   B. 以 $\pm\dfrac{\pi}{2}$ 为极限

    C. 是无穷大   D. 没有极限

(7) 若 $f(x_0) = 5, f(x_0^-) = f(x_0^+) = 4$,则 $\lim\limits_{x \to x_0} f(x)$(　　);

    A. 等于 4   B. 等于 5

    C. 不存在   D. 不确定是否存在

(8) 若 $f(x) > \varphi(x)$,且 $\lim\limits_{x \to a} f(x) = A, \lim\limits_{x \to a} \varphi(x) = B$,则(　　);

    A. $A > B$ B. $A \geqslant B$

    C. $|A| > B$ D. $|A| \geqslant |B|$

2. 设 $f(x) = \begin{cases} x^2, & x < 1, \\ x+1, & x \geqslant 1. \end{cases}$

(1) 作函数 $y = f(x)$ 的图形;

(2) 根据图形求 $\lim\limits_{x \to 1^-} f(x)$ 与 $\lim\limits_{x \to 1^+} f(x)$;

(3) 当 $x \to 1$ 时,$f(x)$ 有极限吗?

提高题

3. 设 $f(x)=\begin{cases}2x+1, & x<2, \\ 0, & x=2, \\ 3x-1, & x>2,\end{cases}$ 求 $\lim\limits_{x\to 2}f(x)$.

4. 求函数 $f(x)=\dfrac{x}{x}, g(x)=\dfrac{|x|}{x}$ 当 $x\to 0$ 时的左右极限,并说明它们当 $x\to 0$ 时极限是否存在?

5. 下列极限是否存在? 若不存在,说明理由.

(1) $\lim\limits_{x\to\infty}\operatorname{arccot}x$; (2) $\lim\limits_{x\to 0}\cos\dfrac{1}{x}$; (3) $\lim\limits_{x\to\infty}e^{\frac{1}{x}}$;

(4) $\lim\limits_{x\to 0}e^{\frac{1}{x}}$; (5) $\lim\limits_{x\to 1}\dfrac{|x-1|}{x-1}$.

6. 设 $f(x)=\dfrac{2x+|x|}{4x-3|x|}$,则 $\lim\limits_{x\to 0}f(x)$ 为( ).

A. $\dfrac{1}{2}$ B. $\dfrac{1}{3}$ C. $\dfrac{1}{4}$ D. 不存在

思考题

7. 判断下列说法是否正确;若不正确,试举出反例.

(1) $\lim\limits_{x\to\infty}f(x)$ 存在的充要条件是 $\lim\limits_{x\to+\infty}f(x)$ 和 $\lim\limits_{x\to-\infty}f(x)$ 都存在;

(2) 若在 x_0 的某一去心邻域内,$f(x)>0$,且 $\lim\limits_{x\to x_0}f(x)=A$,则 $A>0$;

(3) 若对某个 $\varepsilon>0$,存在 $\delta>0$,使得当 $0<|x-x_0|<\delta$ 时,有 $|f(x)-A|<\varepsilon$,则 $\lim\limits_{x\to x_0}f(x)=A$.

习题 1-3 无穷小与无穷大

知识提要

1. [理解] 无穷小（即无穷小量）和无穷大（即无穷大量）的定义.

2. [理解] 函数的无穷小（无穷大）与自变量的无穷小（无穷大）的区别.

3. [理解,难点] 无穷小和无穷大不是数,是函数（或自变量）的某种趋势.

4. [理解] 在自变量同一趋势下,无穷小与无穷大互为倒数关系：$\dfrac{1}{\infty} = \mathbf{0}$（无穷小）.

基础题

1. 选择题.

(1) 若 $x \to 0$,下列不是无穷小的是（　　）；

   A. x^2　　　B. $2x$　　C. $x - 0.001$　　D. $-x$

(2) 下列命题中正确的是（　　）；

   A. 无穷大是一个非常大的数
   B. 无穷小是一个以零为极限的变量
   C. 两个无穷大的和仍为无穷大
   D. 无界变量必为无穷大

(3) 下面命题中正确的是（　　）.

   A. 无穷小量是绝对值很小的量
   B. 无穷大量是绝对值很大的量
   C. 无穷小量的倒数是无穷大量
   D. 无穷大量的倒数是无穷小量

2. 下列函数在指定的变化趋势下是无穷小量还是无穷大量？

(1) $\ln x, x \to 1$ 及 $x \to 0^+$；　　(2) $e^{\frac{1}{x}}, x \to 0^+$ 及 $x \to 0^-$.

思考题

3. $f(x)$ 在 x_0 的某一去心邻域内无界是 $\lim\limits_{x \to x_0} f(x) = \infty$ 的_____条件.

4. 函数 $f(x) = x\cos x$ 在 $(-\infty, +\infty)$ 内是否有界？这个函数是否为 $x \to +\infty$ 时的无穷大？为什么？

5. $x \to 0$ 时,下列说法错误的是（　　）.

   A. $x\sin x$ 是无穷小　　　　B. $x\sin\dfrac{1}{x}$ 是无穷小
   C. $\dfrac{1}{x}\sin\dfrac{1}{x}$ 是无穷大　　D. $\dfrac{1}{x}$ 是无穷大

习题 1-4 极限的运算法则

知识提要

1. 无穷小（记为 **0**）的运算法则（下述公式中，n 为有限数，$\mathbf{0}_i$ 为第 i 个无穷小）．

(1) $\mathbf{0}+\mathbf{0}=\mathbf{0}$，$\sum_{i=1}^{n}\mathbf{0}_i=\mathbf{0}$；

(2) $\mathbf{0}\cdot$ 有界函数 $=\mathbf{0}\left(\text{推论}：\mathbf{0}\cdot C=\mathbf{0},\mathbf{0}\cdot\mathbf{0}=\mathbf{0},\prod_{i=1}^{n}\mathbf{0}_i=\mathbf{0}\right)$．

2. [**重点**] 极限的四则运算．

在自变量同一趋势下，若 $\lim f$，$\lim g$ 存在，则

(1) $\lim(f\pm g)=\lim f\pm\lim g$；$\lim(f\cdot g)=\lim f\cdot\lim g$；

(2) 若 $\lim g\neq 0$，有 $\lim\left(\dfrac{f}{g}\right)=\dfrac{\lim f}{\lim g}$；

(3) 推论：

(a) 若 $f\geqslant g$ 或 $f>g$，有 $\lim f\geqslant\lim g$；

(b) $\lim(Cf)=C\lim f$；$\lim f^n=(\lim f)^n$．

3. $x\to 0$，$x\to x_0$，$x\to\infty$ 时，多项式 $P_n(x)$ 及有理分式 $\dfrac{P_n(x)}{Q_m(x)}$ 的极限．

4. 复合函数的极限．

5. [**理解，难点**] 在自变量同一趋势下，若 $\lim f$ 不存在：

(1) 且 $\lim g=A$，则 $\lim(f\pm g)=\lim f\pm\lim g$ 不存在；

(2) 且 $\lim g=A\neq 0$，则 $\lim(f\cdot g)=\lim f\cdot\lim g$ 不存在；

(3) 且 $\lim g=A\neq 0$，则 $\lim\dfrac{f}{g}=\dfrac{\lim f}{\lim g}$ 不存在．

6. [**常用公式**] $\lim\limits_{x\to\infty}\dfrac{a_0x^m+a_1x^{m-1}+\cdots+a_m}{b_0x^n+b_1x^{n-1}+\cdots+b_n}=\begin{cases}0,&n>m,\\ \dfrac{a_0}{b_0},&m=n,\\ \infty,&n<m.\end{cases}$

基础题

1. 下列极限中，极限值不为 0 的是（　　）．

A. $\lim\limits_{x\to\infty}\dfrac{\arctan x}{x}$ \qquad B. $\lim\limits_{x\to\infty}\dfrac{2\sin x+3\cos x}{x}$

C. $\lim\limits_{x\to 0}x^2\sin\dfrac{1}{x}$ \qquad D. $\lim\limits_{x\to 0}\dfrac{x^2}{x^4+x^2}$

2. 指出下列极限考查的知识点，并求出极限．

(1) $\lim\limits_{x\to\sqrt{3}}\dfrac{x^2-3}{x^2+1}$； \qquad (2) $\lim\limits_{x\to\infty}\sin x\arctan\dfrac{1}{x}$．

3. 求下列极限．

(1) $\lim\limits_{x\to\infty}\dfrac{x^2-1}{2x^2-x-1}$； \qquad (2) $\lim\limits_{n\to\infty}\dfrac{(n+1)(n+2)(n+3)}{5n^3}$；

(3) $\lim\limits_{n\to\infty} \dfrac{1+2+3+\cdots+(n-1)}{n^2}$;

(4) $\lim\limits_{x\to\infty} \dfrac{(2x-1)^{30}(3x-2)^{20}}{(2x+1)^{50}}$.

4. 求下列极限,并观察其异同.

(1) $\lim\limits_{x\to\infty} \dfrac{x^2+x}{x^4-3x^2+1}$;   (2) $\lim\limits_{x\to 0} \dfrac{4x^3-2x^2+x}{3x^2+2x}$.

5. 求下列极限.

(1) $\lim\limits_{x\to 3} \dfrac{x^2-7x+12}{x-3}$;   (2) $\lim\limits_{n\to\infty}\left(1+\dfrac{1}{2}+\dfrac{1}{4}+\cdots+\dfrac{1}{2^n}\right)$.

提高题

6. 指出下列极限考查的知识点,并求出极限.

(1) $\lim\limits_{x\to\infty} \dfrac{x^2+1}{x^3+x}(3+\cos x)$;   (2) $\lim\limits_{x\to\infty} \dfrac{x^2-5\cos x}{3x^2+6\sin x}$;

(3) $\lim\limits_{x\to 1}\left(\dfrac{1}{1-x}-\dfrac{3}{1-x^3}\right)$.

7. 指出下列极限考查的知识点,并求出极限.

(1) $\lim\limits_{x\to+\infty}(\sqrt{x^2+x+1}-\sqrt{x^2-x+1})$;

(2) $\lim\limits_{x\to+\infty} x(\sqrt{1+x^2}-x)$;

(3) $\lim\limits_{x\to 4}\dfrac{\sqrt{2x+1}-3}{\sqrt{x-2}-\sqrt{2}}$;

(4) $\lim\limits_{x\to +\infty} x(\sqrt{x^2+1}-\sqrt{x^2-1})$.

综合题

8. 已知 $\lim\limits_{x\to\infty}\left(\dfrac{x^3+1}{x^2+1}-ax-b\right)=1$，求常数 a,b.

9. 确定常数 a,b，使得 $\lim\limits_{x\to 1}\dfrac{(a+b)x+b}{\sqrt{3x+1}-\sqrt{x+3}}=4$.

10. 已知 $\lim\limits_{x\to 0}\dfrac{\sin x}{x}=1$，求 $\lim\limits_{x\to 0}\left(\dfrac{2+e^{\frac{1}{x}}}{1+e^{\frac{4}{x}}}+\dfrac{\sin x}{|x|}\right)$.

思考题

11. 判断下列运算或说法是否正确；若不正确，指出错误所在以及原因.

(1) $\lim\limits_{x\to 0}\sin x\cos\dfrac{1}{x}=\lim\limits_{x\to 0}\sin x\cdot\lim\limits_{x\to 0}\cos\dfrac{1}{x}=0\cdot\lim\limits_{x\to 0}\cos\dfrac{1}{x}=0$；

(2) $\lim\limits_{n\to\infty}\dfrac{1+2+3+\cdots+n}{n^2}=\lim\limits_{n\to\infty}\dfrac{1}{n^2}+\lim\limits_{n\to\infty}\dfrac{2}{n^2}+\cdots+\lim\limits_{n\to\infty}\dfrac{n}{n^2}=0$；

(3) 若 $\lim\limits_{x\to x_0}\dfrac{f(x)}{g(x)}$ 存在，且 $\lim\limits_{x\to x_0}g(x)=0$，则可推出 $\lim\limits_{x\to x_0}f(x)=0$.

习题 1-5 极限存在准则与重要极限

知识提要

1. [**了解**] 夹逼准则,单调有界准则.

2. [**重点**] 两个重要极限.

(1) $\lim\limits_{x\to 0}\dfrac{\sin x}{x}=1$.

(2) $\lim\limits_{x\to 0}(1+x)^{\frac{1}{x}}=e$, $\lim\limits_{x\to\infty}\left(1+\dfrac{1}{x}\right)^x=e$ (简记为 $(1+\mathbf{0})^{\frac{1}{\mathbf{0}}}=e$,其中两个无穷小 $\mathbf{0}$ 相同).

3. [**重点**] $(1+\mathbf{0})^\infty$ 型极限. 在自变量同一趋势下,设 $\lim u=0$,$\lim v=\infty$,则

$$\lim(1+u)^v=\lim[(1+u)^{\frac{1}{u}}]^{uv}=e^{\lim(uv)}.$$

基础题

1. 判断下列说法是否正确.

(1) 若 $\lim\limits_{n\to\infty}y_n=\lim\limits_{n\to\infty}z_n=a$,且存在正整数 N,当 $n>N$ 时,有 $y_n\leqslant x_n\leqslant z_n$,则 $\lim\limits_{n\to\infty}x_n=a$; (   )

(2) $\lim\limits_{x\to\infty}\dfrac{\sin x}{x}=1$; (   )

(3) $\lim\limits_{n\to\infty}\left(1+\dfrac{1}{n}\right)^n=1$; (   )

(4) $\lim\limits_{x\to 0}(1+x)^{\frac{1}{x}}=\infty$; (   )

(5) $\lim\limits_{x\to 1}(1+x)^{\frac{1}{x}}=e$. (   )

2. 选择题.

(1) 若 $f(x)=\dfrac{\sin 2x}{2x}$,那么 $\lim\limits_{x\to +\infty}f(x)$,$\lim\limits_{x\to 0}f(x)$,$\lim\limits_{x\to\frac{\pi}{4}}f(x)$ 的值分别是(   );

A. $1,0,\dfrac{2}{\pi}$ B. $0,1,\dfrac{\pi}{2}$ C. $1,0,\dfrac{\pi}{2}$ D. $0,1,\dfrac{2}{\pi}$

(2) $\lim\limits_{n\to\infty}\left(1+\dfrac{1}{n}\right)^{n+1000}=(\quad)$.

A. e B. e^{1000} C. $e\cdot e^{1000}$ D. 1

3. 求下列极限.

(1) $\lim\limits_{x\to 0}\dfrac{\sin 5x}{x}$;   (2) $\lim\limits_{x\to 0}x\cot x$;

(3) $\lim\limits_{n\to\infty}2^n\sin\dfrac{x}{2^n}$ $(x\neq 0)$.

4. 求下列极限.

(1) $\lim\limits_{x\to 0}(1-x)^{\frac{2}{x}}$;

(2) $\lim\limits_{x\to\infty}\left(\dfrac{1+x}{x}\right)^{3x}$;

(3) $\lim\limits_{x\to\infty}\left(1-\dfrac{2}{x}\right)^{\frac{x}{2}-1}$.

(3) $\lim\limits_{x\to\infty}\dfrac{3x^2+5}{5x+3}\sin\dfrac{2}{x}$;

(4) $\lim\limits_{x\to 0}\dfrac{x-\sin x}{x+\sin x}$;

(5) $\lim\limits_{x\to\frac{\pi}{2}}(1+\cos x)^{2\sec x}$;

(6) $\lim\limits_{x\to\infty}\left(\dfrac{x}{x+1}\right)^{x+3}$.

提高题

5. $\lim\limits_{x\to 0}\left(x\sin\dfrac{1}{x}-\dfrac{1}{x}\sin x\right)=$ (   ).

  A. -1 B. 1 C. 0 D. 不存在

6. 求下列极限.

(1) $\lim\limits_{x\to 0}\dfrac{1-\cos 2x}{x\sin x}$;

(2) $\lim\limits_{x\to\pi}\dfrac{\sin x}{\pi-x}$;

综合题

7. 利用夹逼准则求极限 $\lim\limits_{n\to\infty}\left(\dfrac{1}{\sqrt{n^2+1}}+\dfrac{1}{\sqrt{n^2+2}}+\cdots+\dfrac{1}{\sqrt{n^2+n}}\right)$.

8. 设 $x_1=10, x_{n+1}=\sqrt{6+x_n}$ $(n=1,2,\cdots)$,试证数列 $\{x_n\}$ 极限存在,并求出此极限.

思考题

9. 判断下述说法是否正确,若不正确,试举出反例.

若数列 $\{x_n\}$ 满足:对于 $n=1,2,\cdots$,(1) $x_n<a$(a 为常数);(2) $x_{n+1}<x_n$,则 $\{x_n\}$ 必收敛.

10. 判断下列运算是否正确,若不正确,指出错误所在以及原因.

(1) $\lim\limits_{x\to\infty}\left(\dfrac{\sin x}{x}+100\right)=\lim\limits_{x\to\infty}\dfrac{\sin x}{x}+\lim\limits_{x\to\infty}100=1+100=101$;

(2) $\lim\limits_{x\to 0}\left(\dfrac{\sin x}{x}+100\right)=\lim\limits_{x\to 0}\dfrac{\sin x}{x}+\lim\limits_{x\to 0}100=1+100=101$.

11. 分析下列极限,探索其联系与区别.

(1) $\lim\limits_{x\to 0}\dfrac{1}{x}\sin x$, $\lim\limits_{x\to 0}\dfrac{1}{x}\sin\dfrac{1}{x}$, $\lim\limits_{x\to 0}x\sin\dfrac{1}{x}$, $\lim\limits_{x\to 0}x\sin x$;

(2) $\lim\limits_{x\to\infty}\dfrac{1}{x}\sin x$, $\lim\limits_{x\to\infty}\dfrac{1}{x}\sin\dfrac{1}{x}$, $\lim\limits_{x\to\infty}x\sin\dfrac{1}{x}$, $\lim\limits_{x\to\infty}x\sin x$;

(3) $\lim\limits_{x\to 0}\dfrac{1}{x}\cos x$, $\lim\limits_{x\to 0}\dfrac{1}{x}\cos\dfrac{1}{x}$, $\lim\limits_{x\to 0}x\cos\dfrac{1}{x}$, $\lim\limits_{x\to 0}x\cos x$;

(4) $\lim\limits_{x\to\infty}\dfrac{1}{x}\cos x$, $\lim\limits_{x\to\infty}\dfrac{1}{x}\cos\dfrac{1}{x}$, $\lim\limits_{x\to\infty}x\cos\dfrac{1}{x}$, $\lim\limits_{x\to\infty}x\cos x$.

习题 1-6　无穷小的比较

知识提要

1. 高阶、低阶、同阶、等价、k 阶无穷小量的定义.

2. 若在自变量同一趋势下，$\lim f = \lim g = 0$，$\lim \dfrac{f}{g} = 1$，则称 f, g 为该趋势下的等价无穷小量，记为 $f \sim g$.

3. [**重点**] 常用等价无穷小量：$\Box \to 0$ 时（$\Box$ 表示某个函数），
$\sin\Box \sim \tan\Box \sim e^{\Box} - 1 \sim \arcsin\Box \sim \arctan\Box \sim \ln(1 + \Box) \sim \Box$，
$1 - \cos\Box \sim \sec\Box - 1 \sim \dfrac{\Box^2}{2}$，$(1+\Box)^\alpha - 1 \sim \alpha\Box$.

4. [**重点**] 等价无穷小量在求极限中的应用原则：

（1）若 $\alpha \sim \beta$，且 φ 为有界函数或 $\lim\varphi$ 存在，则 $\lim\alpha\varphi = \lim\beta\varphi$；

（2）若 $\beta = o(\alpha)$，则 $\alpha \pm \beta \sim \alpha$.

基础题

1. 判断下列说法是否正确.

（1）α, β, γ 是同一极限过程中的无穷小，且 $\alpha \sim \beta$，$\beta \sim \gamma$，则必有 $\alpha \sim \gamma$；　　　　　　　　　　　　　　　　　　（　　）

（2）已知 $\lim\limits_{x \to 0}\dfrac{\cos x}{1-x} = 1$，可推出当 $x \to 0$ 时，$\cos x$ 与 $1-x$ 为等价无穷小；　　　　　　　　　　　　　　　　（　　）

（3）$\sin 3x$ 与 $e^x - 1$ 是同阶无穷小；　　　　　（　　）

（4）$\lim\limits_{x \to 0}\dfrac{\cos x - 1}{x^2} = \dfrac{1}{2}$；　　　　　　　　　　（　　）

（5）$\lim\limits_{x \to 0}\dfrac{\sqrt[3]{1+\sin x}}{x} = \dfrac{1}{3}$.　　　　　　　　　（　　）

2. 选择题.

（1）$x \to 0$ 时，$1 - \cos x$ 是 x^2 的（　　）无穷小；

　　A. 高阶　　　　　　　　B. 同阶但不等价

　　C. 等价　　　　　　　　D. 低阶

（2）当 $x \to 0$ 时，$(1-\cos x)^2$ 是 $\sin^2 x$ 的（　　）无穷小；

　　A. 高阶　　　　　　　　B. 同阶但不等价

　　C. 等价　　　　　　　　D. 低阶

（3）请选出当 $x \to 0$ 时不是无穷小的函数（　　）.

　　A. $\dfrac{\sin x^3}{(\tan x)^2}$ 　　　　　　B. $\dfrac{x\tan x}{1+\cos x}$

　　C. $\dfrac{x}{\sqrt{x}+1}$ 　　　　　　D. $\dfrac{\sin 3x}{x}$

3. 求下列极限.

（1）$\lim\limits_{x \to 0}\dfrac{e^{5x}-1}{x}$；　　　　　　（2）$\lim\limits_{x \to 0}\dfrac{2\arcsin x}{3x}$；

（3）$\lim\limits_{x \to 0}\dfrac{\sin 2x}{\arctan x}$；　　　　　（4）$\lim\limits_{x \to 0^+}\dfrac{x}{\sqrt{1-\cos x}}$；

(5) $\lim\limits_{x\to 0}\dfrac{\ln(1+2x)}{\sin 3x}$;

(6) $\lim\limits_{x\to 0}\dfrac{\sin x^3}{(\sin x)^2}$;

(7) $\lim\limits_{x\to 0}\dfrac{1-\cos 2x}{x\sin 3x}$.

提高题

4. 选择题.

(1) 如果 $x\to\infty$ 时, $\dfrac{1}{ax^2+bx+c}$ 是比 $\dfrac{1}{x+1}$ 高阶的无穷小,则 a,b,c 应满足(　　);

　　A. $a=0,b=1,c=1$

　　B. $a\neq 0,b=1,c$ 为任意常数

　　C. $a\neq 0,b,c$ 为任意常数

　　D. a,b,c 都可为任意常数

(2) $x\to 1$ 时,与无穷小 $1-x$ 等价的是(　　).

　　A. $\dfrac{1}{2}(1-x^3)$　　　　B. $\dfrac{1}{2}(1-\sqrt{x})$

　　C. $\dfrac{1}{2}(1-x^2)$　　　　D. $1-\sqrt{x}$

5. 求下列极限.

(1) $\lim\limits_{x\to 0}\dfrac{\ln(1+3x\sin x)}{\tan x^2}$;

(2) $\lim\limits_{x\to 0}\dfrac{1-\cos\dfrac{x}{2}}{(e^{\sin x}-1)\ln(1-2x)}$;

(3) $\lim\limits_{x\to 1}\dfrac{\sin(1-x)}{1-x^2}$;

(4) $\lim\limits_{x\to 1}\dfrac{1-\sqrt[3]{x}}{x-1}$.

6. 已知 $x\to 0$ 时, $(1+ax^2)^{\frac{1}{3}}-1$ 与 $1-\cos x$ 是等价无穷小,求常数 a.

综合题

7. 求下列极限.

(1) $\lim\limits_{x\to 0}\dfrac{\sqrt{1+x\sin x}-\cos x}{x\sin x}$;

(2) $\lim\limits_{x\to 0}\dfrac{\sin x-\tan x}{(\sqrt[3]{1+x^2}-1)(\sqrt{1+\sin x}-1)}$.

8. 设 $\lim\limits_{x\to 0}f(x)$ 存在,且 $f(x)=(x+1)^3-\dfrac{\ln(1-3x)}{2x}+2\lim\limits_{x\to 0}f(x)$,求 $\lim\limits_{x\to 0}f(x)$.

9. 设 $\lim\limits_{x\to 0}\dfrac{\ln\left[1+\dfrac{f(x)}{\sin x}\right]}{2^x-1}=3$,求 $\lim\limits_{x\to 0}\dfrac{f(x)}{x^2}$.

10. 求 $\lim\limits_{x\to 0}\dfrac{3-2e^{\frac{1}{x}}}{3+2e^{\frac{1}{x}}}\cdot\dfrac{\sin(\pi x)}{|x|}$.

思考题

11. 判断下列运算是否正确,若不正确,指出错误所在以及原因.

(1) $\lim\limits_{x\to 0}\dfrac{\tan x-\sin x}{\sin^3 x}=\lim\limits_{x\to 0}\dfrac{x-x}{x^3}=\lim\limits_{x\to 0}0=0$;

(2) $\lim\limits_{x\to 0}\dfrac{\sqrt{1+x\sin x}-\cos x}{x\sin x}=\lim\limits_{x\to 0}\dfrac{\sqrt{1+x\sin x}-1+1-\cos x}{x\sin x}=\lim\limits_{x\to 0}\dfrac{\dfrac{1}{2}x\sin x+\dfrac{1}{2}x^2}{x^2}=\lim\limits_{x\to 0}\dfrac{\dfrac{1}{2}x^2+\dfrac{1}{2}x^2}{x^2}=1$;

(3) $\lim\limits_{x\to \pi}\dfrac{\tan 3x}{\sin 5x}=\lim\limits_{x\to \pi}\dfrac{3x}{5x}=\dfrac{3}{5}$;

(4) $\lim\limits_{x\to \infty}\sin x\arctan\dfrac{1}{x}=\lim\limits_{x\to \infty}x\cdot\dfrac{1}{x}=1$.

习题 1-7 函数的连续性和间断点

知识提要

1. 如果 $\lim\limits_{x \to x_0} f(x) = f(x_0)$，则称函数 $y = f(x)$ 在点 x_0 处连续；左右连续的定义．

2. [**重点**] 连续的判断依据之一：连续 $\Leftrightarrow$ 左连续且右连续．

3. 间断点的分类．

(1) 第一类、第二类间断点的区别：左右极限是否都存在；

(2) 可去间断点：左极限 $=$ 右极限；

(3) 跳跃间断点：左极限 $\neq$ 右极限；

(4) 无穷间断点：左极限或右极限为 ∞；

(5) 振荡间断点：在该点附近无限振荡且极限不存在．

基础题

1. 判断下列说法是否正确．

(1) $f(x)$ 在点 x_0 处连续的充要条件是 $f(x)$ 在 x_0 处既左连续又右连续； (　　)

(2) $f(x)$ 在点 x_0 处有定义，且 $\lim\limits_{x \to x_0} f(x)$ 存在，则 $f(x)$ 在点 x_0 处连续； (　　)

(3) $f(x)$ 在点 x_0 处无定义，则 $f(x)$ 在 x_0 处不连续． (　　)

2. 选择题．

(1) $\lim\limits_{x \to x_0} f(x) = f(x_0)$ 是 $f(x)$ 在点 $x = x_0$ 连续的(　　)条件；

　A. 必要　　　　　　B. 充分

　C. 充要　　　　　　D. 既非充分也非必要

(2) $x = 0$ 是 $f(x) = \sin x \cdot \sin \dfrac{1}{x}$ 的(　　)间断点；

　A. 可去　　　　　　B. 跳跃

　C. 振荡　　　　　　D. 无穷

(3) $x = 0$ 分别是 $f(x) = \dfrac{x + \sin x}{x}$，$g(x) = \begin{cases} \dfrac{x + \sin x}{x}, & x \neq 0, \\ 0, & x = 0, \end{cases}$

$h(x) = \begin{cases} \dfrac{x + \sin x}{x}, & x \neq 0, \\ 2, & x = 0 \end{cases}$ 的(　　)；

　A. 可去间断点，可去间断点，连续点

　B. 可去间断点，可去间断点，可去间断点

　C. 连续点，连续点，连续点

　D. 无穷间断点，连续点，可去间断点

(4) 设 $f(x) = \begin{cases} x + \dfrac{\sin x}{x}, & x < 0, \\ 0, & x = 0, \\ x \cos \dfrac{1}{x}, & x > 0, \end{cases}$ 则 $x = 0$ 是 $f(x)$ 的(　　)．

　A. 连续点　　　　　B. 可去间断点

　C. 跳跃间断点　　　D. 振荡间断点

3. 填空题．

(1) $f(x)$ 在 x_0 处连续是它在该点处有定义的_____条件；$f(x)$ 在 x_0 处有定义是它在该点处有极限的_____条件(填：充要，必要，充分，既非充分也非必要，无关)；

(2) $x = a$ 是 $y = \dfrac{|x - a|}{x - a}$ 的第____类间断点，且为_____间断点；

(3) $x=0$ 是 $y=\cos^2\dfrac{1}{x}$ 的第____类间断点,且为_____间断点.

提高题

4. $f(x)=\begin{cases}\dfrac{\sin 2x}{\ln(x+1)}, & x<0,\\ 3x^2-2x+k, & x\geqslant 0\end{cases}$ 在 $x=0$ 处连续,则 $k=$ _____.

5. 指出下列函数的间断点及其类型.

(1) $y=\dfrac{x^2-1}{x^2-3x+2}$;

(2) $y=\dfrac{2^{\frac{1}{x}}-1}{2^{\frac{1}{x}}-1}$;

(3) $f(x)=\dfrac{x^2-x}{|x|(x^2-1)}$.

综合题

6. 确定常数 a,b 的值,使得 $f(x)=\begin{cases}\dfrac{\sqrt{ax+b}-2}{x-1}, & x\neq 1,\\ -1, & x=1\end{cases}$ 在 $x=1$ 处连续.

思考题

7. 讨论 $f(x)=\lim\limits_{n\to\infty}\dfrac{1-x^{2n}}{1+x^{2n}}$ 的连续性.若有间断点,判断其类型.

8. 判断"若 $f(x)$ 在某点 x_0 附近无限振荡,则 x_0 为 $f(x)$ 的振荡间断点"是否正确.若不正确,试举出反例.

习题 1-8　连续函数的运算与初等函数的连续性

知识提要

1. [理解] 在某点连续的有限个函数经有限次复合运算,结果仍在该点连续.

2. [了解] 连续单调递增(递减)函数的反函数连续单调递增(递减).

3. [理解] 若 $\lim\limits_{x\to x_0}g(x)$ 存在,且 $f(x)$ 在 $\lim\limits_{x\to x_0}g(x)$ 处连续,则
$$\lim_{x\to x_0}f[g(x)] = f[\lim_{x\to x_0}g(x)].$$
简记为:极限运算与连续函数可交换.

4. 初等函数在其定义区间上连续.

5. 凑极限 e 的方法:在自变量同一趋势下,设 $\lim f = 1, \lim g = \infty$,则
$$\lim f^g = \lim\{[1+(f-1)]^{\frac{1}{f-1}}\}^{(f-1)g} = e^{\lim(f-1)g}.$$

6. 幂指函数的极限:设 $f>0, f\neq 1$,则 $\lim f^g = \lim e^{g\ln f} = e^{\lim g \ln f}$.

基础题

1. 求下列极限.

(1) $\lim\limits_{x\to 0}\sqrt{x^2-2x+5}$;　　(2) $\lim\limits_{x\to\infty}\left(\dfrac{2x+3}{2x+1}\right)^{x+1}$.

提高题

2. 设函数 $f(x)=\begin{cases}e^x, & x<0,\\ a+x, & x\geqslant 0.\end{cases}$ 问 a 取何值时,$f(x)$ 在区间 $(-\infty,+\infty)$ 上连续?

3. 求函数 $f(x)=\dfrac{x^3+3x^2-x-3}{x^2+x-6}$ 的连续区间.

综合题

4. 求下列极限.

(1) $\lim\limits_{x\to 0}\dfrac{3\sin x+x^2\cos\dfrac{1}{x}}{(1+\cos x)\ln(1+x)}$;　　(2) $\lim\limits_{x\to 0^+}\dfrac{1-\sqrt{\cos x}}{1-\cos\sqrt{x}}$.

5. 设 $f(x)$ 处处连续,且 $f(2)=3$,则 $\lim\limits_{x\to 0}\dfrac{\sin 3x}{x}f\left(\dfrac{\sin 2x}{x}\right)=$ _____.

习题 1-9　闭区间上连续函数的性质

知识提要

1. $[a,b]$ 上的连续函数：

(1)（最值定理）必有最大值和最小值；

(2)（介值定理）必可取到最大值与最小值之间的任意值.

2. [**重点**] 零点定理：设 $f(x) \in C[a,b]$，$f(a)f(b) < 0$，则至少存在一点 $\xi \in (a,b)$，使得 $f(\xi) = 0$.

基础题

1. 判断下列说法是否正确.

(1) $f(x)$ 在 $[a,b]$ 上连续，则在 $[a,b]$ 上有界； (　　)

(2) 因为 $\tan\frac{\pi}{4} = 1 > 0$，$\tan\frac{3\pi}{4} = -1 < 0$，所以 $\tan x$ 在 $\left(\frac{\pi}{4}, \frac{3\pi}{4}\right)$ 内必有零点. (　　)

2. 选择题.

(1) 函数 $f(x)$ 在 $[a,b]$ 上有最大值和最小值是 $f(x)$ 在 $[a,b]$ 上连续的(　　)条件；

　　A. 必要　　　　　　B. 充分

　　C. 充要　　　　　　D. 既非充分又非必要

(2) 对初等函数来说，其连续区间一定是(　　)；

　　A. 其定义区间　　　B. 闭区间

　　C. 开区间　　　　　D. $(-\infty, +\infty)$

(3) 设 $f(x)$ 在 $[a,b]$ 上连续. 下列命题错误的是(　　).

　　A. 存在 $x_1, x_2 \in [a,b]$，使得 $f(x_1) \leq f(x) \leq f(x_2)$

　　B. 存在常数 M，使得对任意 $x \in [a,b]$，都有 $|f(x)| \leq M$

　　C. 在 (a,b) 内必定没有最大值

　　D. 在 (a,b) 内可能既没有最大值也没有最小值

提高题

3. 设 $f(x) = e^x - 2$，试证：在区间 $(0,2)$ 内至少存在一点 ξ，使得 $f(\xi) = \xi$.

综合题

4. 若 $f(x)$ 在 $[a,b]$ 上连续，$a<x_1<x_2<\cdots<x_n<b(n\geq 3)$，试证在 (x_1,x_n) 上至少存在一点 ξ，使得 $f(\xi)=\dfrac{f(x_1)+f(x_2)+\cdots+f(x_n)}{n}$.

思考题

5. 判断下列说法是否正确；若不正确，试举出反例.

(1) $f(x)$ 在 (a,b) 内连续，则 $f(x)$ 在 (a,b) 内一定有最大值和最小值；

(2) $f(x)$ 在 $[a,b]$ 上连续且（严格）单调，$f(a)\cdot f(b)<0$，则 $f(x)$ 在 (a,b) 内有且只有一个零点；

(3) $f(x)$ 在 $[a,b]$ 上有定义，在 (a,b) 内连续，且 $f(a)\cdot f(b)<0$，则 $f(x)$ 在 (a,b) 内有零点.

习题 1-P 程序实现

1. 下列两个 MATLAB 程序段[1]均可用于绘制 $y=x^3$ 在 $[-1,1]$ 上的图像.

clear; clc; syms x ezplot(x^3,[-1,1]);	clear; clc; % 清空变量及命令窗口[2] x = linspace(-1,1,101); % 得到[-1,1]上的 101 个等距节点 y = x.^3; % 注意此处的乘方符号前面有一个点 plot(x,y);
(a)	(b)

试用上述两种不同方法绘制 $y=x+\sin x$ 在 $[-20,20]$ 上的图像.

2. 试用 ezplot 绘制 $y=x\sin\dfrac{1}{x}$ 在 $[-10^{-3},10^{-3}]$ 上的图像.
(注:"10^{-3}"在 MATLAB 中表达为"1e-3"或"10^(-3)".)

3. 下列 MATLAB 程序段可用于绘制 $\dfrac{x^2}{4}+\dfrac{y^2}{9}=1$ 的图像.

```
clear; clc;
syms x y
F = x^2/4 + y^2/9 - 1;
subplot(1,2,1); ezplot(F);                              % 默认区域中作图
subplot(1,2,2); ezplot(F,[-2,2],[-3,3]);   % 给定区域中作图
```

试编程绘制 $x\sin(x+y^2)=y\cos(x+y^2)$ 在默认区域及 $x\in[-40,40]$, $y\in[-20,20]$ 中的图像.

4. 数列极限.

(1) 下列 MATLAB 程序段可用于求数列 $\left\{1-\dfrac{1}{n}\right\}$ 的极限.

```
clear; clc;
syms n;
limit(1 - 1/n, n, inf)              % inf 即正无穷
```

试编程求下列数列的极限.

(a) $\left\{\dfrac{1}{2^n}\right\}$;   (b) $\left\{n-\dfrac{1}{n}\right\}$;   (c) $\left\{\dfrac{(-1)^n+1}{n}\right\}$.

(2) 下列 MATLAB 程序段可用于求递推式 $a_{n+1}-1=\sqrt{a_n-1}$, $a_1=5$ 的近似极限.

```
clear; clc;
a(1) = 5; % a_1
N = 10; % 取 N 充分大,用 a_N 的值来近似极限的值;这里取 10 是
                 不够的,只是为了图像比较清楚
for i = 2:N % 递推(循环)求 a_2, a_3, ..., a_N 的值
    a(i) = 1 + sqrt(a(i-1) - 1);
end; clear i;
disp('极限为: '); disp(a(N)); % 在命令窗口中输出 a_N
plot(1:N,a,'*'); % 作出数列元素随下标的图像
```

试编程求下列递推式的近似极限.

(a) $a_{n+1}=a_n^2-2$,其中 a_1 分别取 $0,\dfrac{1}{2},1,\dfrac{3}{2},2,\dfrac{5}{2},3$;

---

[1] 程序段在 m 文件中编写、保存和运行.详细内容请查阅 MATLAB 的相关书籍.
[2] 编写独立程序时,建议养成加上"clear; clc; close all; fclose all;"的习惯;这四条语句的作用分别为:清空变量、清空命令窗口、关闭所有图形、关闭所有文件,以免被之前的程序结果干扰.

(b) $a_{n+1}=\sqrt{a_n+2}$，其中 a_1 分别取 $0, \frac{1}{2}, 1, \frac{3}{2}, 2, \frac{5}{2}, 3$, $100, 10^{10}$；

（c）观察（a）和（b）的结果，分析题目，能否找到它们的联系和区别？

5. 函数极限. 下列 MATLAB 程序段可用于求函数 $f(x)=x^2$ 当 $x\to 1$ 和 $x\to 2^-$ 时的极限.

```
clear; clc;
syms x;
limit(x^2, x, 1)
limit(x^2, x, 2, 'left')
```

试编程求下列函数在指定趋势下的极限：

（1）$\ln x$；$x\to 1$ 及 $x\to 0^+$（注：$\ln x$ 在 MATLAB 中表达为 log(x)）；

（2）$e^{\frac{1}{x}}$；$x\to 0^+$ 及 $x\to 0^-$（注：e^x 在 MATLAB 中表达为 exp(x)）.

6. 函数极限. 在确保 $\lim\limits_{x\to 0^-} e^{\frac{1}{x}}$ 存在的前提下，下列 MATLAB 程序段可用于求 $\lim\limits_{x\to 0^-} e^{\frac{1}{x}}$ 并显示 $x=0$ 左侧的图像和变化趋势.①

```
clear; clc;
x0 = 0; delta = 1;
sgn = -1; % 求左极限用负号, 求右极限用正号
N = 10; % 取 N 充分大, 用 f(x_N)的值作为极限的近似值
for i = 1:N
    x(i) = x0 + sgn * delta/2^i;
    y(i) = exp(1/x(i));
end; clear i;
disp('极限为: '); disp(y(N)); % 在命令窗口中输出 f(x_N)
%% 作出函数图像
% 观察下列四图, 为了显示更清楚, 点在图中分布更均匀, 第四个图
表示 x, y 均采用对数坐标
subplot(2,2,1); plot(x,y,'-*');
subplot(2,2,2); semilogx(x,y,'-*');
subplot(2,2,3); semilogy(x,y,'-*');
subplot(2,2,4); loglog(x,y,'-*');
```

试编程求 $f(x)=\dfrac{2+e^{\frac{1}{x}}}{1+e^{\frac{4}{x}}}+\dfrac{\sin x}{|x|}$ 在 $x=0$ 处的左右极限，并判断 $\lim\limits_{x\to 0}f(x)$ 是否存在.（注：$|x|$ 在 MATLAB 中表达为 abs(x).）

---

① 若只求 $\lim\limits_{x\to 0^-} e^{\frac{1}{x}}$ 的近似值, 只需运行 x = -1/2^10; exp(1/x).

总习题 1

1. 填空题.

(1) 若 $f\left(\dfrac{1+\ln x}{1-\ln x}\right)=\dfrac{1}{x}$，则 $f(x)=$ _____；

(2) 若 $x\to 0$ 时，$\ln\dfrac{1-x^2}{1+x^2}$ 与 $a\sin^2\dfrac{x}{\sqrt{2}}$ 等价，则常数 $a=$ _____；

(3) $\lim\limits_{x\to\infty}\dfrac{x^2-1}{2x+4}\sin\dfrac{1}{x}=$ _____；

(4) 若 $\lim\limits_{x\to 1}f(x)$ 存在，且 $f(x)=x^2+3+4x\lim\limits_{x\to 1}f(x)$，则 $\lim\limits_{x\to 1}f(x)=$ _____；

(5) 若 $\lim\limits_{x\to x_0}f(x)=A$，而 $\lim\limits_{x\to x_0}g(x)$ 不存在，则 $\lim\limits_{x\to x_0}[f(x)+g(x)]$ _____；

(6) 已知曲线 $y=\dfrac{x^2}{x^2-1}$，则其水平渐近线方程是 _____，铅直渐近线方程是 _____.

2. 选择题.

(1) 当 $x\to 0$ 时，变量 $\dfrac{1}{x^2}\sin\dfrac{1}{x}$ 是（　　）；

A. 无穷小 B. 无穷大

C. 有界的，但不是无穷小 D. 无界的，但不是无穷大

(2) 已知 $\lim\limits_{x\to 0}\dfrac{f(x)}{x}=0$，且 $f(0)=1$，那么（　　）；

A. $f(x)$ 在 $x=0$ 处不连续 B. $f(x)$ 在 $x=0$ 处连续

C. $\lim\limits_{x\to 0}f(x)$ 不存在 D. $\lim\limits_{x\to 0}f(x)=1$

(3) 设 $f(x)=2^x+3^x-2$，则当 $x\to 0$ 时，$f(x)$ 为 x 的（　　）无穷小；

A. 等价 B. 同阶但非等价

C. 高阶 D. 低阶

(4) 设对任意的 x，总有 $\varphi(x)\leqslant f(x)\leqslant g(x)$ 且 $\lim\limits_{x\to\infty}[g(x)-\varphi(x)]=0$，则 $\lim\limits_{x\to\infty}f(x)$（　　）；

A. 存在，且等于 0 B. 存在，但不一定等于 0

C. 一定不存在 D. 不一定存在

(5) 当 $x\to 0$ 时，下列四个无穷小量哪一个是比另外三个更高阶的无穷小（　　）.

A. x^2 B. $1-\cos x$

C. $\sqrt{1-x^2}-1$ D. $\sin x-\tan x$

3. 求下列极限.

(1) $\lim\limits_{x\to\infty}\dfrac{(x+1)^2(3x-1)^3}{x^4(x+2)}$；

(2) $\lim\limits_{x\to\infty}\left(\dfrac{2x+3}{2x-1}\right)^{\frac{x+1}{2}}$；

(3) $\lim\limits_{x\to+\infty}(\sqrt{x^2+x}-\sqrt{x^2-x})$;   (4) $\lim\limits_{x\to 0}\left(1+x\sin\dfrac{1}{x}\right)^{\frac{1}{\sqrt[3]{x}}}$;

(5) $\lim\limits_{x\to 0}\left(\arctan\dfrac{1}{x}+\operatorname{arccot}\dfrac{1}{x}\right)$;   (6) $\lim\limits_{x\to 0}\dfrac{1}{1+e^{\frac{1}{x}}}$.

4. 已知 $\lim\limits_{x\to 2}\dfrac{x^2+ax+b}{x^2-x-2}=2$,求 a,b 的值.

5. 讨论函数 $y=\dfrac{\sqrt{x}-1}{x^2-3x+2}$ 的连续性,并指明间断点的种类.

6. 设 $f(x)=\begin{cases}e^{\frac{1}{x-1}}, & x\geqslant 0,\\ \ln(1+x), & -1<x<0,\end{cases}$ 求函数 $f(x)$ 的间断点并指出其类型.

7. 设函数 $f(x),g(x)$ 在 $[a,b]$ 上连续,且满足 $f(a)\leqslant g(a)$,$f(b)\geqslant g(b)$,证明:在 $[a,b]$ 上至少存在一点 ξ,使得 $f(\xi)=g(\xi)$.

第 2 章 导数

习题 2-1 导数的概念

知识提要

1. 函数 $y=f(x)$ 在点 x_0 处的导数定义为
$$f'(x_0) = \lim_{\Delta x \to 0} \frac{f(x_0 + \Delta x) - f(x_0)}{\Delta x}.$$

2. 左右导数 $f'_-(x_0), f'_+(x_0)$ 的定义式.

3. [重点] 可导的判断依据之一：可导 $\Leftrightarrow f'_-(x_0) = f'_+(x_0)$.

4. [重点] 可导 $\Rightarrow$ 连续；不连续 $\Rightarrow$ 不可导.

5. $(C)' = 0, (x^\mu)' = \mu x^{\mu-1}$；$(\sin x)' = \cos x, (\cos x)' = -\sin x$；$(\ln x)' = \frac{1}{x}$.

6. 导数的几何意义：切线斜率.

7. [理解] $f'(x_0)$ 为常数.

8. [理解，难点] $\frac{\mathrm{d}}{\mathrm{d}x}f(x)$ 表示函数 $f(x)$ 对自变量 x 求导.

基础题

1. 选择题.

(1) 设函数 $f(x)$ 在 $x = x_0$ 处可导，且 $f'(x_0) = -2$，则 $\lim\limits_{h \to 0} \dfrac{f(x_0 - h) - f(x_0)}{h}$ 等于（　　）；

　A. $\dfrac{1}{2}$ 　　　B. 2 　　　C. $-\dfrac{1}{2}$ 　　　D. -2

(2) 设 $f(x) = \begin{cases} \dfrac{2}{3}x^2, & x \leqslant 1, \\ x^2, & x > 1, \end{cases}$ 则 $f(x)$ 在 $x = 1$ 处（　　）；

　A. 左、右导数都存在

　B. 左导数存在，右导数不存在

　C. 左导数不存在，右导数存在

　D. 左、右导数都不存在

(3) 函数 $y = |\sin x|$ 在点 $x = 0$ 处的导数为（　　）.

　A. 0 　　　　　　　B. 1

　C. -1 　　　　　　D. 不存在

2. 设 $f(x)$ 在点 $x = x_0$ 处可导，且 $f'(x_0) = 2$，则 $\lim\limits_{h \to 0} \dfrac{f(x_0 + h) - f(x_0 - h)}{h} = $ _____.

3. 求下列函数的导数.

(1) $y = \sqrt[3]{x^2}$；　　　　　(2) $y = \dfrac{1}{\sqrt{x}}$.

(3) $y=\dfrac{1}{x}$; (4) $y=\dfrac{1}{x^2}$.

综合题

7. 求曲线 $y=\cos x$ 上点 $\left(\dfrac{\pi}{3},\dfrac{1}{2}\right)$ 处的切线方程和法线方程.

提高题

4. 函数 $f(x)=\begin{cases} x^2+2x, & x\leqslant 0, \\ 2x, & 0<x<1, \\ 1/x, & x\geqslant 1 \end{cases}$ 不可导的点是( ).

   A. $x=-1$ B. $x=0$ C. $x=1$ D. $x=2$

5. 设 $f(x)$ 在点 $x=x_0$ 处可导,且 $f(x_0)=0$,$f'(x_0)=1$,则 $\lim\limits_{h\to\infty}hf\left(x_0-\dfrac{1}{h}\right)=$ _____.

6. 求下列函数的导数.

   (1) $y=x^3\sqrt[5]{x}$; (2) $y=\dfrac{x^2\sqrt[3]{x^2}}{\sqrt{x^5}}$.

8. 为使函数 $f(x)=\begin{cases} x^2, & x\leqslant 1, \\ ax+b, & x>1 \end{cases}$ 在 $x=1$ 处连续且可导,a,b 应取什么值?

思考题

9. 设 $f(x)$ 可导，$F(x)=f(x)(1+|\sin x|)$，则 $f(0)=0$ 是 $F(x)$ 在 $x=0$ 处可导的（　　）条件.

　　A. 充分　　　　　　　B. 必要

　　C. 充分必要　　　　　D. 既非充分又非必要

10. 已知 $f(x)$ 在 $x=1$ 处连续，且 $\lim\limits_{x\to 1}\dfrac{f(x)}{x-1}=2$，求 $f'(1)$.

11. 已知 $f(x)=\begin{cases}\sin x, & x<0,\\ x, & x\geqslant 0,\end{cases}$ 求 $f'(x)$.

12. 总结本节所述的判断可导性的三个依据.

习题 2-2　函数的求导法则

知识提要

1. [**重点**] 四则运算的求导法则（下列 u,v,w 均为 x 的函数）：

(1) $(u\pm v)'=u'\pm v'$，$(uv)'=u'v+uv'$，$\left(\dfrac{u}{v}\right)'=\dfrac{u'v-uv'}{v^2}$；

(2) $(uvw)'=u'vw+uv'w+uvw'$，$\left(\dfrac{1}{v}\right)'=-\dfrac{v'}{v^2}$；

(3) $(\tan x)'=\sec^2 x$，$(\cot x)'=-\csc^2 x$，
$(\sec x)'=\sec x\tan x$，
$(\csc x)'=-\csc x\cot x$.

2. 反函数的求导法则.

(1) [**了解，难点**] 公式①：$\dfrac{\mathrm{d}x}{\mathrm{d}y}=\dfrac{1}{\dfrac{\mathrm{d}y}{\mathrm{d}x}}$；

(2) $(\arcsin x)'=\dfrac{1}{\sqrt{1-x^2}}$，$(\arccos x)'=-\dfrac{1}{\sqrt{1-x^2}}$，
$(\arctan x)'=\dfrac{1}{1+x^2}$，$(\text{arccot}\,x)'=-\dfrac{1}{1+x^2}$；

(3) $(a^x)'=a^x\ln a$，$(\mathrm{e}^x)'=\mathrm{e}^x$.

3. [**重点**] 复合函数求导法则：设 $y=f(u),u=g(x)$ 可导，则 $\dfrac{\mathrm{d}y}{\mathrm{d}x}=\dfrac{\mathrm{d}y}{\mathrm{d}u}\cdot\dfrac{\mathrm{d}u}{\mathrm{d}x}$.

基础题

1. 选择题.

(1) 若 $y=\cos \mathrm{e}^{-x}$，则 $y'=($　　)；

A. $-\sin \mathrm{e}^{-x}$　　　　B. $\mathrm{e}^x\sin \mathrm{e}^{-x}$
C. $-\mathrm{e}^{-x}\sin \mathrm{e}^{-x}$　　　D. $\mathrm{e}^{-x}\sin \mathrm{e}^{-x}$

(2) 已知 $y=\ln\cot x$，则 $y'\big|_{x=\frac{\pi}{4}}=($　　).

A. 1　　　B. $-\dfrac{1}{2}$　　　C. -2　　　D. 2

2. 填空题.

(1) 已知函数 $f(x)=\sin\dfrac{1}{x}$，则 $f'\left(\dfrac{1}{\pi}\right)=$ _____；

(2) 设 $y=\sin(5^x)$，则 $y'=$ _____；

(3) 设 $f(x)=(3x+1)^5$，则 $f'(x)=$ _____；

(4) 设 $\lim\limits_{x\to 0}f(x)$ 存在，则 $\left[\lim\limits_{x\to 0}f(x)\right]'=$ _____.

3. 求下列函数的导数.

(1) $y=(5x+2)^4$；　　　(2) $y=\dfrac{1}{\sqrt{a^2-x^2}}$.

---

① 此公式中，$\dfrac{\mathrm{d}y}{\mathrm{d}x}$ 对应函数 $y=f(x)$，$\dfrac{\mathrm{d}x}{\mathrm{d}y}$ 对应其反函数 $x=f^{-1}(y)$. 为使该式成立，要求：(1) $y=f(x)$ 存在反函数；(2) $\dfrac{\mathrm{d}y}{\mathrm{d}x}$ 存在；(3) 作为分母，$\dfrac{\mathrm{d}y}{\mathrm{d}x}\neq 0$.

提高题

4. 选择题.

(1) 如果函数 $y=x(x+1)(x-2)(x-3)$,则 $y'(0)=($);

    A. 0   B. 1   C. 3   D. 6

(2) 设 $f(x)=\arctan\sqrt{x}$,则 $\lim\limits_{x\to 0}\dfrac{f(x_0-x)-f(x_0)}{x}=($).

    A. $-\dfrac{1}{1+x_0}$ B. $-\dfrac{1}{1+x_0^2}$

    C. $\dfrac{2\sqrt{x_0}}{1+x_0}$ D. $\dfrac{-1}{2\sqrt{x_0}(1+x_0)}$

5. 设 $y=\sqrt{1+\sqrt{1+x}}$,则 $y'\big|_{x=0}=$ _____.

6. 求下列函数的导数.

(1) $y=x^2\cos x\ln x$;

(2) $y=\dfrac{e^t-e^{-t}}{e^t+e^{-t}}$;

(3) $y=5^{\frac{x}{\ln x}}$;

(4) $y=\sin^n x \cdot \cos(nx)$;

(5) $y=x\arcsin\dfrac{x}{2}+\sqrt{4-x^2}$;

(6) $y=\dfrac{x^2}{2}\sqrt{a^2-x^2}$;

(7) $y=\dfrac{e^{2x}}{x^3}+10^x+\ln 2 \cdot \cot(3x)+\ln 5$.

7. 求下列函数的导数.

(1) $y=\left(\arctan \dfrac{x}{3}\right)^2$;

(2) $y=\dfrac{1}{2}\ln[\ln(\ln 3x)]$;

(3) $y=5^{\sin\frac{1}{x}}$;

(4) $y=\sqrt{1+\ln^2 x}$.

思考题

8. 求下列函数的导数.

(1) $y=e^{-\cos^2\frac{1}{x}}$;

(2) $y=\ln(\sec x+\tan x)$;

(3) $y=\ln(x+\sqrt{a^2+x^2})$.

9. 设 $f(x)$ 可导，求下列函数的导数.

(1) $y=\ln f(x)$；

(2) $y=2^{f(x)}+[f(x)]^2$；

(3) $y=\sin[f(x^2)]$；

(4) $y=f(e^{2x})\cdot e^{f(x)}$.

预备知识与参考答案

目 录

函数 ··· 1

坐标系与参数方程 ·· 6

常用公式 ·· 7

常用公式（三角函数部分） ································ 9

练习题 ·· 11

参考答案 ·· 14

函 数

1. 函数 $y=f(x)$ 的相关概念.

(1) 自变量 x,因变量 y;

(2) 定义域 D:自变量的取值范围;

(3) 值域:自变量 x 取遍定义域 D 中所有点时,函数值的集合 $f(D)=\{f(x)|x\in D\}$.

2. 注意事项.

(1) 函数仅为一种映射关系,如"函数 $y=x^2$"表示"'将 x 变为其平方 x^2'的关系",因此函数 $y=f(x)$ 的本体为 f,函数与所选取的自变量的记号无关,如 $f(x)=x^2$ 与 $f(t)=t^2$ 为相同的"函数";

(2) $y=f(x)$ 中,等号"="仅表示"将 $f(x)$ 的值赋值给因变量 y";

(3) $f(\cdot)$ 的括号中是一个整体,表示 f 的自变量;应正确理解复合函数 $y=f(\varphi(x))$ 中 x,y,f,φ 的关系:

(a) f 的自变量是 $\varphi(x)$,不是 x;

(b) 对于因变量 y,$\varphi(x)$ 可视为其"直接"自变量,x 可视为其"最终"自变量;

(c) 可用下图表示其关系:

$$\varphi(x) \xrightarrow{f} y, \quad x \xrightarrow{\varphi} \varphi(x) \xrightarrow{f} y; \quad x \xrightarrow{f\circ\varphi} y.$$

3. 函数的基本性质——单调性:对于区间 I 内的任意两点 $x_1<x_2$,若恒有 $f(x_1)\leqslant f(x_2)$(或 $f(x_1)\geqslant f(x_2)$),则 $f(x)$ 在 I 内单调递增(递减);若严格不等号成立,则称为严格单调.

4. 函数的基本性质——奇偶性.

(1) 定义:在关于原点对称的区间 I 内,若 $f(-x)=-f(x)$(或 $f(-x)=f(x)$),则称 $f(x)$ 为 I 上的奇(偶)函数;

(2) 图像的特点:

(a) 奇函数:关于原点 $(0,0)$ 中心对称;若在 $x=0$ 处有定义,则 $f(0)=0$;

(b) 偶函数:关于直线 $x=0$(即 y 轴)轴对称;

(3) 常见的奇偶函数:

(a) 奇函数:$x,\sin x,\tan x,\ln(\sqrt{1+x^2}\pm x),f(x)-f(-x)$;

(b) 偶函数:$C,x^2,|x|,\cos x,f(x)+f(-x)$;

(c) 既是奇函数又是偶函数:如 $y=0,y=(x+|x|)(x-|x|)$ 等形式.

5. 函数的基本性质——有界性.

(1) 相关概念.

(a) 有上界:存在常数 M,使得 $\forall x\in I$ 有 $f(x)\leqslant M$;

(b) 有下界:存在常数 m,使得 $\forall x\in I$ 有 $f(x)\geqslant m$;

(c) 有界:既有上界,又有下界;

(2) 几何解释:$f(x)$ 在 I 上的图像介于两条横线(平行于 x 轴的直线)之间.

6. 函数的基本性质——周期性.

(1) 相关概念.

(a) 定义:设 $f(x)$ 在 $(-\infty,+\infty)$ 内有定义,且存在常数 T,使得 $\forall x$ 有 $f(x+T)=f(x)$,则称 $f(x)$ 为以 T 为周期的周期函数;

(b) 最小正周期①：可使 $f(x+T)=f(x)$ 成立的最小正数 T；

(2) 常见周期函数：常函数 $y=C$，三角函数 $y=\sin x$ 等．

7．反函数．

(1) 定义：由"y 关于 x 的表达式 $y=f(x)$"反解出"x 关于 y 的表达式"，即其反关系（逆运算），记为 $x=f^{-1}(y)$，则 f 与 f^{-1} 互为反函数；

(2) 为符合习惯视角，即"自变量 x，因变量 y"，常将 $x=f^{-1}(y)$ 中的 x,y 互换，记为 $y=f^{-1}(x)$；

(3) 如：$y=x^3$ 与 $x=y^{\frac{1}{3}}$ 互为反函数，习惯认为 $y=x^3$ 与 $y=x^{\frac{1}{3}}$ 互为反函数②；

(4) 注意：

(a) 通常所谓"直接函数与其反函数的图像关于 $y=x$ 对称"要在"习惯视角"的前提下；

(b) "f^{-1}"中的"-1"表示"逆运算"，而非"-1 次方"，即 $f^{-1} \neq \dfrac{1}{f}$．

8．常见函数．

注：下表中的 n 为既约分数 $a=\dfrac{m}{n}$ 的分母．

函数式	$y=x^a (a>0)$	$y=x^a (a<0)$
定义域	n 为奇：$\mathbf{R}$；n 为偶：$[0,+\infty)$	n 为奇：$\mathbf{R}\setminus\{0\}$；n 为偶：$(0,+\infty)$
值域	n 为奇：$\mathbf{R}$；n 为偶：$[0,+\infty)$	n 为奇：$\mathbf{R}\setminus\{0\}$；n 为偶：$(0,+\infty)$
图像	（$y=x^3, y=x^2, y=x, y=x^{\frac{1}{2}}, y=x^{\frac{1}{3}}$ 的图像）	（$y=x^{-\frac{1}{2}}, y=x^{-1}, y=x^{-2}$ 的图像）
单调性	↗	n 为奇：在 $(-\infty,0)$ 和 $(0,+\infty)$ 上 ↘；n 为偶：↘
奇偶性	与 n 的奇偶性相同	与 n 的奇偶性相同

---

① 有些周期函数没有最小正周期，如 $y=C, y=\begin{cases}1, & x \text{ 为有理数}, \\ 0, & x \text{ 为无理数}.\end{cases}$

② 对于函数，等号应视为"赋值"．

续表

函数式	$y=a^x\ (a>0,a\neq 1)$	$y=\log_a x\ (a>0,a\neq 1)$
定义域	$\mathbf{R}$	$(0,+\infty)$
值域	$(0,+\infty)$	$\mathbf{R}$
图像	(图：$y=2^x$ 与 $y=\left(\frac{1}{2}\right)^x$)	(图：$y=\log_2 x$ 与 $y=\log_{\frac{1}{2}} x$)
单调性	$a>1$：↗；$0<a<1$：↘	$a>1$：↗；$0<a<1$：↘

函数式	$y=\sin x\ (y=\cos x)$	$y=\tan x\ (y=\cot x)$	$y=\sec x\ (y=\csc x)$
定义域	$\mathbf{R}$	$\left\{x\,\middle|\,x\neq\left(k+\dfrac{1}{2}\right)\pi,k\in\mathbf{Z}\right\}$ $(\{x\mid x\neq k\pi,k\in\mathbf{Z}\})$	$\left\{x\,\middle|\,x\neq\left(k+\dfrac{1}{2}\right)\pi,k\in\mathbf{Z}\right\}$ $(\{x\mid x\neq k\pi,k\in\mathbf{Z}\})$
值域	$[-1,1]$	$\mathbf{R}$	$(-\infty,-1]\cup[1,+\infty)$

续表

图像	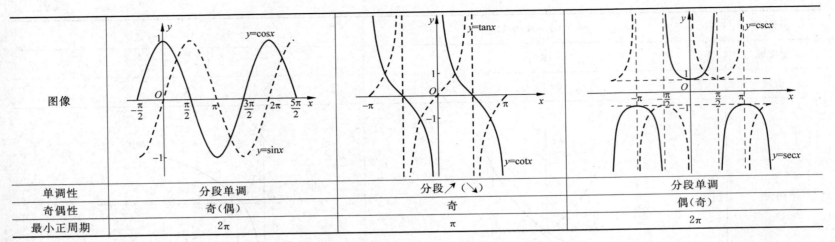		
单调性	分段单调	分段↗(↘)	分段单调
奇偶性	奇(偶)	奇	偶(奇)
最小正周期	2π	π	2π

函数式	$y=\arcsin x$ ($y=\arccos x$)	$y=\arctan x$ ($y=\text{arccot}\, x$)
定义域	$[-1,1]$	$\mathbf{R}$
值域	$\left[-\dfrac{\pi}{2},\dfrac{\pi}{2}\right]$ ($[0,\pi]$)	$\left[-\dfrac{\pi}{2},\dfrac{\pi}{2}\right]$ ($[0,\pi]$)
图像		
单调性	↗(↘)	↗(↘)
奇偶性	奇(非奇非偶)	奇(非奇非偶)

9. 常见函数间的反函数关系

（1）同底数的指数函数 $y=a^x$ 与对数函数 $y=\log_a x$；

（2）幂次互为倒数的幂函数：$y=x^a$ 与 $y=x^{\frac{1}{a}}=\sqrt[a]{x}$；

（3）对应形式的三角函数与反三角函数：$y=\sin x$ 与 $y=\arcsin x$，$y=\cos x$ 与 $y=\arccos x$，$y=\tan x$ 与 $y=\arctan x$，$y=\cot x$ 与 $y=\operatorname{arccot} x$.

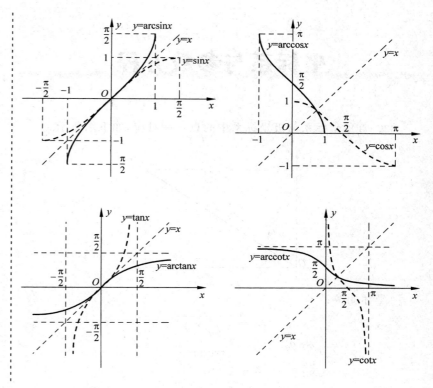

坐标系与参数方程

1. 直角坐标系与极坐标系中的点一一对应,如下图所示.

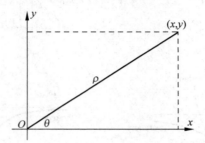

坐标变换：

$$\begin{cases} x=\rho\cos\theta, \\ y=\rho\sin\theta, \end{cases} \begin{cases} \rho=\sqrt{x^2+y^2}, \\ \theta=\begin{cases} \arctan\dfrac{y}{x}, & x>0, \\ \arctan\dfrac{y}{x}+\pi, & x<0. \end{cases} \end{cases}$$

2. 常见曲线的参数方程.

(1) 直线：

(a) $y=x$：$\tan\theta=1$ $\left(\text{即 }\theta=\dfrac{\pi}{4}\text{ 或}\dfrac{5\pi}{4}\right)$；

(b) $y=C$：$\rho=\dfrac{C}{\sin\theta}=C\cdot\csc\theta$；

(2) 圆：

(a) $x^2+y^2=a^2$：$\rho=a$；

(b) $(x-a)^2+y^2=a^2$：$\rho=2a\cos\theta$；

(c) $x^2+(y-a)^2=a^2$：$\rho=2a\sin\theta$；

(3) 椭圆 $\dfrac{x^2}{a^2}+\dfrac{y^2}{b^2}=1$：$\begin{cases} x=a\cos\theta, \\ y=b\sin\theta \end{cases}$ $(0\leqslant\theta\leqslant 2\pi)$；

(4) 双曲线 $\dfrac{x^2}{a^2}-\dfrac{y^2}{b^2}=1$：$\begin{cases} x=a\sec\theta, \\ y=b\tan\theta \end{cases}$ $\left(\theta\in\left[0,\dfrac{\pi}{2}\right)\cup\left(\dfrac{\pi}{2},\dfrac{3\pi}{2}\right)\cup\left(\dfrac{3\pi}{2},2\pi\right]\right)$；

(5) 抛物线 $y^2=2px(p>0)$：$\begin{cases} x=2pt^2, \\ y=2pt \end{cases}$ $(t\in\mathbf{R})$.

3. 其他曲线

线型	阿基米德螺线	心形线 (圆外旋轮线)	星形线 (圆内旋轮线)	摆线 (旋轮线)
方程	$\rho=a+b\theta$	$\rho=a(1+\cos\theta)$	$\begin{cases}x=a\cos^3 t,\\ y=a\sin^3 t\end{cases}$ $(x^{\frac{2}{3}}+y^{\frac{2}{3}}=a^{\frac{2}{3}})$	$\begin{cases}x=a(t-\sin t),\\ y=a(1-\cos t)\end{cases}$
图像	$\rho=2+\theta$	$\rho=1+\cos\theta$		

常 用 公 式

1. 数字 0.
   (1) $0+0=0, 0+0+0+\cdots=0$(无穷多个 0 的和为 0);
   (2) $a \cdot 0 = 0 \cdot a = 0$;
   (3) $a \neq 0$ 时,$\dfrac{0}{a}=0, 0^a=0, a^0=1.$

2. 乘法及因式分解.
   (1) 因式分解:
   $a^2 - b^2 = (a-b)(a+b),$
   $a^3 \pm b^3 = (a \pm b)(a^2 \mp ab + b^2),$
   $a^n - b^n = (a-b)(a^{n-1} + a^{n-2}b + a^{n-3}b^2 + \cdots + ab^{n-2} + b^{n-1})$
   $= (a-b)\sum_{i=0}^{n-1} a^{n-1-i}b^i;$

   (2) 二项式公式:
   $(a \pm b)^2 = a^2 \pm 2ab + b^2,$
   $(a \pm b)^3 = a^3 \pm 3a^2 b + 3ab^2 \pm b^3,$
   $(a+b)^n = a^n + na^{n-1}b + \dfrac{n(n-1)}{2!}a^{n-2}b^2 + \cdots + nab^{n-1} + b^n$
   $= \sum_{i=0}^{n} C_n^i a^{n-i}b^i.$

3. 分式.
   (1) 分数运算:$\dfrac{a}{b}+\dfrac{c}{d}=\dfrac{ad+bc}{bd}, \dfrac{a}{b} \cdot \dfrac{c}{d}=\dfrac{ac}{bd}, \dfrac{a}{b} / \dfrac{c}{d} = \dfrac{a}{b} \cdot \dfrac{d}{c}=\dfrac{ad}{bc};$

   (2) 分项分式:设 $P_n(x)$ 为至多 n 次多项式(下列各式中,a, b, A_i, B_i 均为常数,右端均为真分式),
   $\dfrac{1}{(x-a)(x-b)} = \dfrac{1}{a-b}\left(\dfrac{1}{x-a} - \dfrac{1}{x-b}\right),$
   $\dfrac{P_2(x)}{(x-a)(x-b)^2} = \dfrac{A_1}{x-a} + \dfrac{A_2}{x-b} + \dfrac{A_3}{(x-b)^2},$
   $\dfrac{P_3(x)}{(x^2-ax+b)^2} = \dfrac{A_1 x + B_1}{x^2-ax+b} + \dfrac{A_2 x + B_2}{(x^2-ax+b)^2} \quad (a^2 < 4b).$

4. 不等式.
   (1) 设以下数为正数,则
   $$\dfrac{a+b}{2} \geqslant \sqrt{ab}, \quad \dfrac{a+b+c}{3} \geqslant \sqrt[3]{abc},$$
   $$\dfrac{a_1 + a_2 + \cdots + a_n}{n} \geqslant \sqrt[n]{a_1 a_2 \cdots a_n},$$
   即算术平均≥几何平均;

   (2) 绝对值:
   $|a \pm b| \leqslant |a| + |b|, \quad |a \pm b| \geqslant |a| - |b|,$
   $-|a| \leqslant a \leqslant |a|,$
   $|a| \leqslant b \Leftrightarrow -b \leqslant a \leqslant b,$
   $|a| \geqslant b \Leftrightarrow a \geqslant b \text{ 或 } a \leqslant -b.$

5. 某些数列的前 n 项和:
   $$1 + 2 + 3 + \cdots + n = \sum_{i=1}^{n} i = \dfrac{n(n+1)}{2},$$
   $$1 + q + q^2 + \cdots + q^{n-1} = \sum_{i=1}^{n} q^{i-1} = \dfrac{1-q^n}{1-q},$$

$$1+3+5+\cdots+(2n-1)=\sum_{i=1}^{n}(2i-1)=n^2,$$

$$2+4+6+\cdots+2n=\sum_{i=1}^{n}2n=n(n+1),$$

$$1^2+2^2+3^2+\cdots+n^2=\sum_{i=1}^{n}i^2=\frac{n(n+1)(2n+1)}{6},$$

$$1^3+2^3+3^3+\cdots+n^3=\sum_{i=1}^{n}i^3=\left(\frac{n(n+1)}{2}\right)^2,$$

$$1\cdot 2+2\cdot 3+3\cdot 4+\cdots+n(n+1)=\sum_{i=1}^{n}i(i+1)$$
$$=\frac{n(n+1)(n+2)}{3},$$

$$\frac{1}{1\cdot 2}+\frac{1}{2\cdot 3}+\frac{1}{3\cdot 4}+\cdots+\frac{1}{n(n+1)}=\sum_{i=1}^{n}\frac{1}{i(i+1)}$$
$$=\sum_{i=1}^{n}\left[\frac{1}{i}-\frac{1}{i+1}\right]$$
$$=1-\frac{1}{n+1}.$$

6. 指数①.

$$\boxed{a^m a^n = a^{m+n}} \qquad \boxed{(ab)^m = a^m b^m} \qquad \boxed{(a^m)^n = a^{mn}}$$

$$\frac{a^m}{a^n} = a^{m-n} \qquad \left(\frac{b}{a}\right)^n = \frac{b^n}{a^n} \qquad a^{\frac{m}{n}} = \sqrt[n]{a^m}$$

$$\boxed{a^{-n} = \left(\frac{1}{a}\right)^n = \frac{1}{a^n}} \qquad \sqrt[n]{\frac{b}{a}} = \frac{\sqrt[n]{b}}{\sqrt[n]{a}} \qquad \boxed{a^{\frac{1}{n}} = \sqrt[n]{a}}$$

7. 对数$(a,b>0)$.

(1) $\log_a 1=0, \log_a a=1, \log_a b^c = c\log_a b, a^{\log_a b}=b; \log_e x=\ln x$;

(2) 运算法则(不妨以 $\ln x$ 为例):

$$\ln(ab)=\ln a+\ln b, \quad \ln\frac{a}{b}=\ln a-\ln b,$$

$$\ln(a_1 a_2 \cdots a_n)=\ln a_1+\ln a_2+\cdots+\ln a_n.$$

8. 韦达(Viete)定理(一元 n 次线性方程的根与系数的关系).

(1) 设 x_1, x_2 是一元二次方程 $x^2+ax+b=0$ 的两个根,那么 $\begin{cases} x_1+x_2=-a, \\ x_1\cdot x_2=b; \end{cases}$

(2) 设 $x_1, x_2, \cdots, x_n$ 是一元 n 次线性方程 $x^n+a_1 x^{n-1}+a_2 x^{n-2}+\cdots+a_{n-1}x+a_n=0$ 的 n 个根,那么 $\begin{cases} x_1+x_2+\cdots+x_n=-a_1, \\ x_1\cdot x_2\cdots x_n=(-1)^n a_n. \end{cases}$

---

① 此表中要求:(1)分母上的 $a\neq 0$;(2)n 为奇数时,根号中的 $a>0$;(3)$\frac{m}{n}$ 为既约分数.

常用公式（三角函数部分）

1. 三角函数关系：基本函数关系记忆法

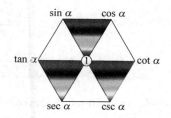

(1) 倒数关系：对角的两个函数乘积为1，

$$\sin\alpha \cdot \csc\alpha = 1, \quad \cos\alpha \cdot \sec\alpha = 1, \quad \tan\alpha \cdot \cot\alpha = 1;$$

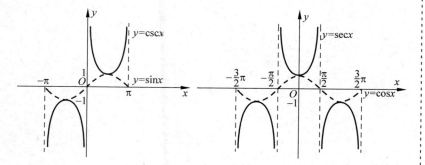

(2) 乘积关系：任意函数等于相邻两个函数的乘积，

$$\sin\alpha = \tan\alpha \cdot \cos\alpha, \quad \cos\alpha = \sin\alpha \cdot \cot\alpha, \quad \cot\alpha = \cos\alpha \cdot \csc\alpha,$$
$$\csc\alpha = \cot\alpha \cdot \sec\alpha, \quad \sec\alpha = \csc\alpha \cdot \tan\alpha, \quad \tan\alpha = \sec\alpha \cdot \sin\alpha;$$

(3) 在阴影的三角形里，两个上角顶函数的平方和等于下角顶函数的平方：

$$\sin^2\alpha + \cos^2\alpha = 1, \quad \tan^2\alpha + 1 = \sec^2\alpha, \quad 1 + \cot^2\alpha = \csc^2\alpha.$$

2. 两角和公式．

$$\sin(\alpha \pm \beta) = \sin\alpha\cos\beta \pm \cos\alpha\sin\beta, \quad \cos(\alpha \pm \beta) = \cos\alpha\cos\beta \mp \sin\alpha\sin\beta,$$
$$\tan(\alpha \pm \beta) = \frac{\tan\alpha \pm \tan\beta}{1 \mp \tan\alpha\tan\beta}, \quad \cot(\alpha \pm \beta) = \frac{\cot\alpha\cot\beta \mp 1}{\cot\beta \pm \cot\alpha}.$$

3. 二倍角公式、半角公式、万能公式．

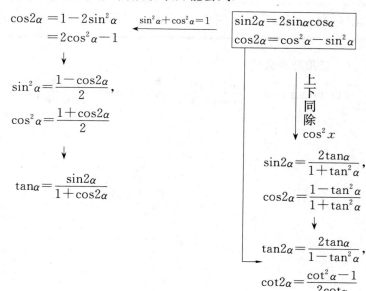

4. 三倍角公式．

$$\sin3\alpha = 3\sin\alpha - 4\sin^3\alpha, \quad \cos3\alpha = 4\cos^3\alpha - 3\cos\alpha,$$
$$\tan3\alpha = \frac{3\tan\alpha - \tan^3\alpha}{1 - 3\tan^2\alpha}.$$

5. 和差与积.

和差化积	积化和差
$\sin\alpha+\sin\beta=2\sin\dfrac{\alpha+\beta}{2}\cos\dfrac{\alpha-\beta}{2}$	$\sin\alpha\cos\beta=\dfrac{1}{2}[\sin(\alpha+\beta)+\sin(\alpha-\beta)]$
$\sin\alpha-\sin\beta=2\cos\dfrac{\alpha+\beta}{2}\sin\dfrac{\alpha-\beta}{2}$	$\cos\alpha\sin\beta=\dfrac{1}{2}[\sin(\alpha+\beta)-\sin(\alpha-\beta)]$
$\cos\alpha+\cos\beta=2\cos\dfrac{\alpha+\beta}{2}\cos\dfrac{\alpha-\beta}{2}$	$\cos\alpha\cos\beta=\dfrac{1}{2}[\cos(\alpha+\beta)+\cos(\alpha-\beta)]$
$\cos\alpha-\cos\beta=-2\sin\dfrac{\alpha+\beta}{2}\sin\dfrac{\alpha-\beta}{2}$	$\sin\alpha\sin\beta=-\dfrac{1}{2}[\cos(\alpha+\beta)-\cos(\alpha-\beta)]$

6. 三角补充公式.

(1) $\tan\alpha\pm\tan\beta=\dfrac{\sin(\alpha\pm\beta)}{\cos\alpha\cos\beta}$, $\cot\alpha\pm\cot\beta=\dfrac{\sin(\beta\pm\alpha)}{\sin\alpha\sin\beta}$;

(2) $\sin(\alpha+\beta)\sin(\alpha-\beta)=\sin^2\alpha-\sin^2\beta$,

$\cos(\alpha+\beta)\cos(\alpha-\beta)=\cos^2\alpha-\sin^2\beta$;

(3) $(\sin\alpha\pm\cos\alpha)^2=1\pm\sin2\alpha$.

7. 恒等式.

$\sin(\arcsin x)=\cos(\arccos x)=\tan(\arctan x)=x$,

$\sin(\arccos x)=\cos(\arcsin x)=\sqrt{1-x^2}$,

$\tan(\arcsin x)=\cot(\arccos x)=\dfrac{x}{\sqrt{1-x^2}}$,

$\sin(\arctan x)=\cos(\text{arccot}\,x)=\dfrac{x}{\sqrt{1+x^2}}$,

$\arcsin x+\arccos x=\arctan x+\text{arccot}\,x=\dfrac{\pi}{2}$.

练 习 题

1. 选择题.

(1) 下列各组函数中表示同一个函数的是( );

    A. $y=|x|$ 与 $y=\sqrt{x^2}$ B. $y=x$ 与 $y=\sqrt{x^2}$

    C. $y=x$ 与 $y=\dfrac{x^2}{x}$ D. $y=x$ 与 $y=a^{\log_a x}$

(2) 下面四个函数中,与 $y=|x|$ 不同的是( );

    A. $y=|e^{\ln x}|$ B. $y=\sqrt{x^2}$

    C. $y=\sqrt[4]{x^4}$ D. $y=x\,\mathrm{sgn}\,x$

(3) 函数 $y=\sin^2 x$ 的最小正周期为( );

    A. $\dfrac{\pi}{2}$ B. π C. 2π D. $4\pi^2$

(4) 若 $f(x)$ 为奇函数,则下列一定为奇函数的是( ).

    A. $f(x)+C$ B. $f(-x)+C$

    C. $f(x)+f(|x|)$ D. $f[f(-x)]$

2. 填空题.

(1) 若 $f(x)=2x+1$,则 $f(1)=$_____,$f(x-1)=$_____;

(2) 函数 $y=\dfrac{\sqrt{x+1}}{x-2}$ 的自然定义域为_____;

(3) 函数 $y=\arcsin(x+1)$ 的自然定义域为_____;

(4) 函数 $f(x)=\dfrac{1}{\sqrt{x^2-1}}-\arcsin\dfrac{x+1}{3}$ 的自然定义域为_____;

(5) 设 $f(x)=x^2+1$,$\varphi(x)=e^x$,则 $f[\varphi(x)]=$_____;

(6) 函数 $y=1+\ln(x+2)$ 的反函数 $y=$_____;

(7) 将函数 $y=2x+|2-x|$ 用分段函数表示为 $y=$_____;

(8) 设 $f\left(x+\dfrac{1}{x}\right)=x^2+\dfrac{1}{x^2}$,则 $f(x)=$_____;

(9) $\arcsin\dfrac{1}{2}=$_____;

(10) 函数 $f(x)=\sin x+1$ 的奇偶性是_____;

(11) 函数 $f(x)=\sin(x+1)$ 的奇偶性是_____;

(12) 三角函数 $y=\sin x$ 与 $y=\csc x$ 的关系是_____;

(13) $\arcsin\left(\sin\dfrac{5\pi}{6}\right)=$_____;

(14) 在直角坐标系 xOy 中,第三象限中的点 x ____ 0,y ____ 0;

(15) 顶点在直角坐标系的原点、起边与 x 轴重合、终边落在第二象限内的角 α,其正弦 $\sin\alpha$ _____ 0;

(16) 极坐标方程 $\rho=2\sin\theta$ 表示的曲线的直角坐标方程为_____;

(17) 直角坐标方程 $x=2$ 表示的曲线的极坐标方程为_____;

(18) 设 $y=f(x)$ 的定义域是 $(0,1]$,$\varphi(x)=1-\ln x$,则复合函数 $y=f[\varphi(x)]$ 的定义域为_____.

3. 判定下列函数的奇偶性.

(1) (a) $f(x)=xe^{\cos x}\sin^3 x$； (b) $f(x)=|x\sin^3 x|e^{\cos x}$；

(2) (a) $f(x)=x^2 e^{\cos x}\sin x$； (b) $f(x)=|x^2\sin x|e^{\cos x}$；

(3) $f(x)=x^2+x$；

(4) $f(x)=\log_a(x+\sqrt{x^2+a^2})-1$.

4. 下列函数是由哪些简单函数复合而成的？

(1) $y=e^{\arctan x}$； (2) $y=\sqrt[3]{(1+x)^2+1}$；

(3) (a) $y=\sin^2 x$； (b) $y=\sin x^2$；

(4) $y=\sin^2(3x+1)$； (5) (a) $y=\sqrt[5]{\ln\sin x^3}$；

(b) $y=\sqrt[5]{\ln\sin^3 x}$； (c) $y=\sqrt[5]{\ln^3 \sin x}$.

5. 设 $f(\sin x+\cos x)=\sin 2x$,求 $f(\sin x-\cos x)$.

6. 画出下列函数的示意图.
(1) $y=\ln\sin x(x\in(0,\pi))$;

(2) $y=x+\sin x$.

7. 不定项选择题.
(1) 对于 $y=\sqrt{4-x^2}+\ln(x-1)$ 的定义域,写法正确的有( );
    A. $(1,2]$ B. $x\in(1,2]$
    C. $\{x|1<x\leqslant 2\}$ D. $\{x|x\in(1,2]\}$

(2) 对于定义在 $(-l,l)$ 上的两个奇函数,下列说法正确的有( );
    A. 和为奇函数   B. 和为偶函数
    C. 乘积为奇函数   D. 乘积为偶函数

(3) 对于定义在 $(-l,l)$ 上的两个偶函数,下列说法正确的有( );
    A. 和为奇函数   B. 和为偶函数
    C. 乘积为奇函数   D. 乘积为偶函数

(4) 对于定义在 $(-l,l)$ 上的一个奇函数和一个偶函数,下列说法正确的有( );
    A. 和为奇函数   B. 和为偶函数
    C. 乘积为奇函数   D. 乘积为偶函数

(5) $y=x^3$ 的反函数有( );
    A. $y=\dfrac{1}{x^3}$ B. $y=x^{\frac{1}{3}}$
    C. $y=x^{-3}$ D. $y=x^{-\frac{1}{3}}$
    E. $x=\dfrac{1}{y^3}$ F. $x=y^{\frac{1}{3}}$
    G. $x=y^{-3}$ H. $x=y^{-\frac{1}{3}}$
    I. $f(x)=\dfrac{1}{x^3}$ J. $f(x)=x^{\frac{1}{3}}$
    K. $f(x)=x^{-3}$ L. $f(x)=x^{-\frac{1}{3}}$
    M. $f(y)=\dfrac{1}{x^3}$ N. $f(y)=x^{\frac{1}{3}}$
    O. $f(y)=x^{-3}$ P. $f(y)=x^{-\frac{1}{3}}$

参 考 答 案

第1章 函数与极限

习题 1-1 数列的极限

1. (1) A；(2) B；(3) B.

2. (1) $\dfrac{1}{2^n}, 0$；(2) $\dfrac{n}{2^n}, 0$；(3) $\dfrac{n-1}{n+1}, 1$.

3. (1) $a_{n+1}=3a_n-1, a_1=1$；(2) $a_{n+1}=\dfrac{a_n+1}{3}, a_1=41$，极限为 $\dfrac{1}{2}$.

4. (1) $a_{n+1}=a_n+a_{n-1}, a_1=1, a_2=2$；(2) $a_{n+1}=a_n a_{n-1}, a_1=1, a_2=2$.

5. (1) (a) 错，$x_n=\dfrac{1}{n}+1, A=0$；(b) 错，$\left\{1,0,\dfrac{1}{2},0,\dfrac{1}{4},0,\cdots\right\}$，$A=0$；

(2) (a) 错，$x_n=(-1)^n$；(b) 对；

(3) (a) 对；(b) 错，$x_n=(-1)^n$；

(4) 错，$x_{2n-1}=\dfrac{1}{2n-1}, x_{2n}=1, a=0$.

习题 1-2 函数的极限

1. (1) D；(2) C；(3) C；(4) C；(5) B；(6) D；(7) A；(8) B.

2. (1) 略；(2) 1,2；(3) 没有.

3. 5.

4. $\lim\limits_{x\to 0^-}f(x)=\lim\limits_{x\to 0^+}f(x)=1, \lim\limits_{x\to 0}f(x)$ 存在；$\lim\limits_{x\to 0^-}g(x)=-1$，$\lim\limits_{x\to 0^+}g(x)=1, \lim\limits_{x\to 0}g(x)$ 不存在.

5. (1) 不存在，$\lim\limits_{x\to -\infty}\operatorname{arccot}x=\pi, \lim\limits_{x\to +\infty}\operatorname{arccot}x=0$；

(2) 不存在，$x\to 0$ 时，$\dfrac{1}{x}\to\infty$，$\cos\dfrac{1}{x}$ 在 0 的任意去心邻域内无限振荡，且振幅为 1；

(3) $\lim\limits_{x\to\infty}\mathrm{e}^{\frac{1}{x}}=1$；

(4) 不存在，$\lim\limits_{x\to 0^-}\mathrm{e}^{\frac{1}{x}}=0, \lim\limits_{x\to 0^+}\mathrm{e}^{\frac{1}{x}}=+\infty$；

(5) 不存在，$\lim\limits_{x\to 1^-}\dfrac{|x-1|}{x-1}=-1, \lim\limits_{x\to 1^+}\dfrac{|x-1|}{x-1}=1$.

6. D.

7. (1) 错，$\lim\limits_{x\to -\infty}\arctan x=-\dfrac{\pi}{2}, \lim\limits_{x\to +\infty}\arctan x=\dfrac{\pi}{2}$；

(2) 错，$f(x)=x^2$，取 $x_0=0$，在 $(-\delta,0)\cup(0,\delta)$ 内 $f(x)>0$，$A=\lim\limits_{x\to x_0}f(x)=0$；

(3) 错，$f(x)=|x|+1$，取 $\varepsilon=2, \delta=\dfrac{1}{2}, x_0=0, A=0$，当 $0<|x|<\dfrac{1}{2}$ 时，$|f(x)-A|=|f(x)|=|x|+1<\dfrac{3}{2}<\varepsilon$，而 $\lim\limits_{x\to 0}f(x)=1\neq 0$.

习题 1-3 无穷小与无穷大

1. (1) C；(2) B；(3) D.

2. (1) 无穷小, 无穷大；(2) 无穷大, 无穷小.

3. 必要.

4. (1) $\forall M>0$, 总有 $x_0\in(M,+\infty)$, 使得 $\cos x_0=1$, 从而 $f(x_0)=x_0>M$, 所以无界；

   (2) $\forall M>0, X>0$, 总有 $x_0\in(X,+\infty)$, 使得 $\cos x_0=0$, 从而 $f(x_0)=x_0\cos x_0=0$, 所以不是无穷大.

5. C.

习题 1-4 极限的运算法则

1. D.

2. (1) 极限的四则运算, $0\cdot$有界函数$=0$, 0；(2) $0\cdot$有界函数$=0$, 0.

3. (1) $\dfrac{1}{2}$；(2) $\dfrac{1}{5}$；(3) $\dfrac{1}{2}$；(4) $\left(\dfrac{3}{2}\right)^{20}$.

4. (1) 0；(2) $\dfrac{1}{2}$. [自变量的趋势不同, 导致方法相异：分别是上下同时除以最大和最小次数项；目的(或本质)相同：使得上下都只剩常数项和无穷小量, 以便利用极限的四则运算.]

5. (1) -1；(2) 2.

6. (1) $0\cdot$有界函数$=0$, 0；(2) $0\cdot$有界函数$=0$, 有理函数的极限$(x\to\infty)$, $\dfrac{1}{3}$；(3) 有理函数的极限$(x\to x_0)$, -1.

7. 根式型极限$(\sqrt{}-\sqrt{})$, 有理化为 $\sqrt{}+\sqrt{}$ 的形式：

(1) 1；(2) $\dfrac{1}{2}$；(3) $\dfrac{2\sqrt{2}}{3}$；(4) 1.

8. $a=1, b=-1$.

9. $a=4, b=-2$.

10. 1.

11. (1) 错, $\lim\limits_{x\to\infty}\cos\dfrac{1}{x}$ 不存在, 不能单独写出来；(2) 错, 无穷多个无穷小之和不一定是无穷小；(3) 对.

习题 1-5 极限存在准则与重要极限

1. (1) 对；(2) 错；(3) 错；(4) 错；(5) 错.

2. (1) D；(2) A.

3. (1) 5；(2) 1；(3) x.

4. (1) e^{-2}；(2) e^3；(3) e^{-1}.

5. A.

6. (1) 2；(2) 1；(3) $\dfrac{6}{5}$；(4) 0；(5) e^2；(6) e^{-1}.

7. 1.

8. 证明步骤：(1) $x_{n+1}-x_n=\dfrac{x_n-x_{n-1}}{\sqrt{6+x_n}+\sqrt{6+x_{n-1}}}\Rightarrow x_{n+1}-x_n$ 与 x_n-x_{n-1} 同号；(2) $x_2-x_1<0\Rightarrow x_{n+1}-x_n<0\Rightarrow\{x_n\}$ 单调递减；(3) 证明$\{x_n\}$有下界；$\lim\limits_{n\to\infty}x_n=3$.

证明方法二：用归纳法证明$\{x_n\}\downarrow$. ① $x_2=\sqrt{6+x_1}=\sqrt{16}=4<x_1$；② 假设 $x_n<x_{n-1}$, 解 $x_{n+1}=\sqrt{6+x_n}<\sqrt{6+x_{n-1}}=x_n$, 所以由①②得$\{x_n\}\downarrow$.

9. 错, $x_n=-n, a=0$.

10. (1) 错，$\lim\limits_{x\to\infty}\dfrac{\sin x}{x}=0$；(2) 对.

11. (1) 1,不存在,0,0；(2) 0,0,1,不存在；(3) ∞,不存在,0,0；(4) 0,0,∞,不存在.

习题 1-6 无穷小的比较

1. (1) 对；(2) 错；(3) 错；(4) 错；(5) 错.

2. (1) B；(2) A；(3) D.

3. (1) 5；(2) $\dfrac{2}{3}$；(3) 2；(4) $\sqrt{2}$；(5) $\dfrac{2}{3}$；(6) 0；(7) $\dfrac{2}{3}$.

4. (1) C；(2) C.

5. (1) 3；(2) $-\dfrac{1}{16}$；(3) $\dfrac{1}{2}$；(4) $-\dfrac{1}{3}$.

6. $\dfrac{3}{2}$.

7. (1) 1；(2) -3.

8. $-\dfrac{5}{2}$.

9. $3\ln 2$.

10. $-\pi$.

11. (1) 错，(同号)等价无穷小量相减时可能产生高阶量，因此加减位(一般)不允许直接替换；(2) 错，同(1)；

(3) 错，$x\to\pi$ 时，$3x,5x$ 不是无穷小量，不可采用等价无穷小量替换；(4) 错，$x\to\infty$ 时，$\sin x$ 不是无穷小量.

习题 1-7 函数的连续性和间断点

1. (1) 对；(2) 错；(3) 对.

2. (1) C；(2) A；(3) A；(4) C.

3. (1) 充分,无关；(2) 一,跳跃；(3) 二,振荡.

4. 2.

5. (1) $x=1$,第一类,可去间断点；$x=2$,第二类,无穷间断点；(2) $x=0$,第一类,可去间断点；(3) $x=-1$,第二类,无穷间断点；$x=0$,第一类,跳跃间断点；$x=1$,第一类,可去间断点.

6. $a=-4,b=8$.

7. $f(x)=\begin{cases} 1, & |x|<1, \\ 0, & x=\pm 1, \\ -1, & |x|>1, \end{cases}$，$x=-1$ 和 $x=1$ 是第一类(跳跃)间断点.

8. 错，$f(x)=x\sin\dfrac{1}{x}$，$x_0=0$.

习题 1-8 连续函数的运算与初等函数的连续性

1. (1) $\sqrt{5}$；(2) e.

2. $a=1$.

3. $(-\infty,-3),(-3,2)$ 和 $(2,+\infty)$.

4. (1) $\dfrac{3}{2}$；(2) 0.

5. 9.

习题 1-9 闭区间上连续函数的性质

1. (1) 对；(2) 错.

2. (1) A；(2) A；(3) C.

3. 提示：对 $\varphi(x)=f(x)-x$ 在 $[0,2]$ 上用零点定理.

4. 简要证明：因 $f(x)$ 在 $[x_1,x_n]$ 上连续，故有最大值和最小值，设为 M 和 m，则 $m\leqslant f(x_1),f(x_2),\cdots,f(x_n)\leqslant M$，于是 $m\leqslant \dfrac{f(x_1)+f(x_2)+\cdots+f(x_n)}{n}\leqslant M$. 再用介值定理即可.

5. (1) 错，$f(x)=x,0<x<1$；(2) 对；(3) 错，$f(x)=\begin{cases}-1,& x=0,\\ x,& 0<x\leqslant 1.\end{cases}$

习题 1-P 程序实现

1. (1) syms x; ezplot(x + sin(x),[-20,20])①

    (2) x = linspace(-20,20,1001); y = x + sin(x); plot(x,y)

2. syms x; ezplot(x*sin(1/x),[-1e-3,1e-3])

3. syms x y; F = x*sin(x + y^2) - y*cos(x + y^2)
   subplot(1,2,1); ezplot(F);
   subplot(1,2,2); ezplot(F,[-40,40],[-20,20])

4. (1) (a) syms n; limit(1/2^n,n,inf)
       (b) syms n; limit(n - 1/n,n,inf)
       (c) syms n; limit(((-1)^n + 1)/n,n,inf)

  (2) 略.

5. (1) syms x; limit(log(x),x,1) $x\to 0^+$ 的情况略
   (2) syms x; limit(exp(1/x),x,0,'right') $x\to 0^-$ 的情况略

6. x = -1/2^9; lim_left = (2 + exp(1/x))/(1 + exp(4/x)) + sin(x)/abs(x)
   x = 1/2^9; lim_right = (2 + exp(1/x))/(1 + exp(4/x)) + sin(x)/abs(x)

总习题 1

1. (1) $e^{\frac{1-x}{1+x}}$；(2) -4；(3) $\dfrac{1}{2}$；(4) $-\dfrac{4}{3}$；(5) 不存在；(6) $y=1$, $x=\pm 1$.

2. (1) D；(2) A；(3) B；(4) D；(5) D.

3. (1) 27；(2) e；(3) 1；(4) 1；(5) $\dfrac{\pi}{2}$；(6) 不存在.

4. $a=2, b=-8$.

5. $x=1$，第一类，可去间断点；$x=2$，第二类，无穷间断点.

6. $x=0$，第一类，跳跃间断点；$x=1$，第二类，无穷间断点.

7. 提示：设 $\varphi(x)=f(x)-g(x)$，$\varphi(a)\varphi(b)\leqslant 0$. 分两种情况讨论：(1) $\varphi(a)\varphi(b)<0$ 时，利用零点定理，$\varphi(x)$ 在 (a,b) 内有根；(2) $\varphi(a)\varphi(b)=0$ 时，$\varphi(x)$ 在 a 或 b 处有根.

第 2 章 导 数

习题 2-1 导数的概念

1. (1) B；(2) B；(3) D.
2. 4.
3. (1) $\dfrac{2}{3}x^{-\frac{1}{3}}$；(2) $-\dfrac{1}{2}x^{-\frac{3}{2}}$；(3) $-\dfrac{1}{x^2}$；(4) $-\dfrac{2}{x^3}$.
4. C.

---

① 简便起见，参考答案中省略"clear; clc; close all; fclose all; ".

5. -1.

6. (1) $\frac{16}{5}x^{\frac{11}{5}}$; (2) $\frac{1}{6}x^{-\frac{5}{6}}$.

7. 切线：$y=-\frac{\sqrt{3}}{2}\left(x-\frac{\pi}{3}\right)+\frac{1}{2}$；法线：$y=\frac{2}{\sqrt{3}}\left(x-\frac{\pi}{3}\right)+\frac{1}{2}$.

8. $a=2, b=-1$.

9. C.

10. 2.

11. $f'(x)=\begin{cases} \cos x, & x<0 \\ 1, & x\geq 0. \end{cases}$

12. 导数的定义式，左、右导数存在且相等，"不连续⇒不可导".

习题 2-2 函数的求导法则

1. (1) D; (2) C.

2. (1) π^2; (2) $5^x\cos 5^x \ln 5$; (3) $15(3x+1)^4$; (4) 0.

3. (1) $20(5x+2)^3$; (2) $\frac{x}{(a^2-x^2)^{3/2}}$.

4. (1) D; (2) D.

5. $\frac{\sqrt{2}}{8}$.

6. (1) $2x\cos x\ln x - x^2\sin x\ln x + x\cos x$; (2) $\frac{4}{(e^t+e^{-t})^2}$;

(3) $5^{\frac{x}{\ln x}}\frac{\ln x-1}{\ln^2 x}\ln 5$; (4) $n\sin^{n-1}x\cos(n+1)x$; (5) $\arcsin\frac{x}{2}$;

(6) $x\sqrt{a^2-x^2}-\frac{x^3}{2\sqrt{a^2-x^2}}$; (7) $\frac{2x-3}{x^4}e^{2x}+10^x\ln 10-3\ln 2 \cdot \csc^2 3x$.

7. (1) $\frac{6}{9+x^2}\arctan\frac{x}{3}$; (2) $\frac{1}{2x\ln 3x\ln(\ln 3x)}$; (3) $-\frac{\ln 5}{x^2}5^{\sin\frac{1}{x}}\cos\frac{1}{x}$;

(4) $\frac{\ln x}{x\sqrt{1+\ln^2 x}}$.

8. (1) $-\frac{1}{x^2}e^{-\cos^2\frac{1}{x}}\sin\frac{2}{x}$; (2) $\sec x$; (3) $\frac{1}{\sqrt{a^2+x^2}}$.

9. (1) $\frac{f'(x)}{f(x)}$; (2) $[2^{f(x)}\ln 2+2f(x)]f'(x)$;

(3) $\cos[f(x^2)]f'(x^2)2x$; (4) $[2e^{2x}f'(e^{2x})+f(e^{2x})f'(x)]e^{f(x)}$.

10. $\arcsin x+\arccos x=\arctan x+\operatorname{arccot} x=\frac{\pi}{2}$.

习题 2-3 高阶导数

1. (1) $6(x+1)^5, 30(x+1)^4, 120(x+1)^3, 3240$; (2) $2^x\ln^n 2$.

2. (1) C; (2) D.

3. (1) $\frac{1}{x}$; (2) $-\csc^2 x$.

4. (1) $12(2x+1)^5, 120(2x+1)^4, 960(2x+1)^3, -960$;

(2) $\frac{1}{\sqrt{x^2+1}}, -\frac{x}{\sqrt{(x^2+1)^3}}$.

5. $y'=-e^{-t}(\cos t+\sin t), y''=2e^{-t}\sin t$.

6. B.

7. (1) $e^{-f(x)}[(f'(x))^2-f''(x)]$; (2) $2f'(x^2)+4x^2f''(x^2)$;

(3) $2[(f'(x))^2+f(x)f''(x)]$; (4) $f''(\sin^2 x)\sin^2 2x+2f'(\sin^2 x)\cos 2x$.

8. (1) $y'=2\cos 2x=2\sin\left(2x+\frac{\pi}{2}\right), y''=4\cos\left(2x+\frac{\pi}{2}\right)=$

$4\sin\left(2x+2\cdot\dfrac{\pi}{2}\right),\cdots,y^{(n)}=2^n\sin\left(2x+n\cdot\dfrac{\pi}{2}\right)$;

(2) $\dfrac{d^n y}{dx^n}\bigg|_{t=2x}=2^n\dfrac{d^n y}{dt^n}=2^n\sin\left(t+n\cdot\dfrac{\pi}{2}\right)=2^n\sin\left(2x+n\cdot\dfrac{\pi}{2}\right)$.

9. (1) $y=\dfrac{1}{2}[\ln(1-x)-\ln(1+x^2)]$, $y''=\dfrac{1}{x^2+1}-\dfrac{2}{(x^2+1)^2}-\dfrac{1}{2(x-1)^2}$;

(2) $y=\dfrac{1}{3}\left[\dfrac{1}{x-2}-\dfrac{1}{x+1}\right]$, $y^{(n)}=\dfrac{(-1)^n n!}{3}\left[\dfrac{1}{(x-2)^{n+1}}-\dfrac{1}{(x+1)^{n+1}}\right]$;

(3) $y=\dfrac{1}{x}-\dfrac{1}{x-1}$, $y^{(n)}=(-1)^n n!\left[\dfrac{1}{x^{n+1}}-\dfrac{1}{(x-1)^{n+1}}\right]$.

习题 2-4 隐函数及由参数方程所确定的函数的导数

1. B.

2. $\dfrac{1}{4}$.

3. (1) e; (2) 1.

4. (1) $-\left(e^t+\dfrac{1}{3}\right)e^t$; (2) $\dfrac{\cos t-t\sin t}{1-\sin t-t\cos t}$.

5. $-1, 2$.

6. $t, \dfrac{1}{t}+t$.

7. $\dfrac{4}{9}e^{3t}$.

8. B.

9. (1) $\left(\dfrac{x}{1+x}\right)^x\left(\ln\dfrac{x}{1+x}+\dfrac{1}{1+x}\right)$; (2) $\dfrac{1}{3}\sqrt[3]{\dfrac{x(x+1)}{(x+2)^2}}\left(\dfrac{1}{x}+\dfrac{1}{x+1}-\dfrac{2}{x+2}\right)$; (3) $\dfrac{1}{2}\sqrt{x\sin x\sqrt{1-e^x}}\left[\dfrac{1}{x}+\cot x-\dfrac{e^x}{2(1-e^x)}\right]$;

(4) $\sqrt{x}(x^2+1)^x\left[\dfrac{1}{2x}+\ln(x^2+1)+\dfrac{2x^2}{x^2+1}\right]$.

10. $\dfrac{e}{2}$.

11. $y=-\dfrac{1}{2}x+\dfrac{\pi}{2}$.

12. (1) $\dfrac{y^2-x^2}{y^3}$; (2) $-2\csc^2(x+y)\cot^3(x+y)$.

13. $\dfrac{1}{f''(t)}$.

习题 2-5 函数的微分

1. (1) $a\,dx$; (2) $2(x+1)\,dx$; (3) $\left(2x+\dfrac{1}{x^2}+\dfrac{1}{x}\right)dx$;

(4) $\left(2x-\dfrac{2}{3}x^{-\frac{1}{3}}+2^x\ln 2-\cos x\right)dx$.

2. (1) B; (2) A.

3. (1) $-\sin(ax+b), (ax+b), -a\sin(ax+b)$;

(2) $\dfrac{1}{\sqrt{1-(x^2)^2}}, (x^2), \dfrac{2x}{\sqrt{1-x^4}}$; (3) $-\csc^2\dfrac{1}{x}, \dfrac{1}{x}, \dfrac{1}{x^2}\csc^2\dfrac{1}{x}$;

(4) $\dfrac{1}{2\sqrt{1+x^2}}, (1+x^2), \dfrac{x}{\sqrt{1+x^2}}$; (5) $2^{\sqrt{x}}\ln 2, \sqrt{x}, \dfrac{2^{\sqrt{x}}\ln 2}{2\sqrt{x}}$.

4. C.

5. (1) $\cot x\,\mathrm{d}x$; (2) $\left(\dfrac{\mathrm{e}^x}{1+\mathrm{e}^{2x}}-\dfrac{1}{1+x^2}\right)\mathrm{d}x$; (3) $x\left[2\ln(1+x^2)+\dfrac{2x^2}{1+x^2}-\dfrac{1}{(1-x^2)^{3/2}}\right]\mathrm{d}x$; (4) $\left(\dfrac{1}{x+a}-\dfrac{x}{x^2+b^2}+\dfrac{1-\ln x}{x^2}\right)\mathrm{d}x$.

6. (1) $(1-\ln x)x^{\frac{1}{x}-2}\mathrm{d}x$; (2) $x^{\sin x}\left(\cos x\ln x+\dfrac{\sin x}{x}\right)\mathrm{d}x$.

习题 2-P 程序实现

1. syms x alf beta; y = 2^sin(x) - exp(alf * x) * cos(beta * x) + 6 * log(x);
   disp(diff(y,x)); disp(diff(y,alf));

2. syms x alf beta; y = 2^sin(x) - exp(alf * x) * cos(beta * x) + 6 * log(x);
   disp(diff(y,x,2)); disp(diff(y,alf,3));

3. syms x; eqdiff = diff('exp(y(x)-x) - sin(x*y(x)) = 1',x);
   eqdiff = subs(eqdiff,'diff(y(x),x)','dydx'); eqdiff = subs(eqdiff,'y(x)','y');
   dydx = solve(eqdiff,'dydx'); disp(dydx); pretty(dydx)

4. (1) syms t; x = log(sqrt(1 + t^2)); y = t - atan(t); dydt = diff(y); dxdt = diff(x); dydx = simple(dydt/dxdt)

   (2) 提示：$\dfrac{\mathrm{d}y}{\mathrm{d}t}$ 需用隐函数的求导法则.

5. syms t; x = log(sqrt(1 + t^2)); y = t - atan(t); dydt = diff(y); dxdt = diff(x); dydx = simple(dydt/dxdt); d2ydx2 = simple(diff(dydx)/dxdt)

总习题 2

1. (1) D; (2) A; (3) C; (4) A; (5) D; (6) B.

2. (1) $\dfrac{1}{4}$; (2) $y=4x+3, y=-\dfrac{1}{4}x+3$; (3) $\dfrac{1}{(1+x)[1+\ln(1+x)]}$; (4) -1; (5) 3; (6) 1.

3. (1) $2x\mathrm{e}^{\sin(x^2+1)}\cos(x^2+1)$; (2) $-\dfrac{1}{x^2+1}$; (3) 1; (4) $\dfrac{(2x^2+3x+2)\mathrm{e}^x}{2(x+1)^{3/2}}$; (5) $-\dfrac{3}{x^2}\cos\dfrac{3}{x}-\dfrac{1}{3}\sin\dfrac{x}{3}$; (6) $\dfrac{2}{(x+2)^2}\sin x-\dfrac{x^2+4x+2}{(x+2)^3}\cos x$.

4. (1) $\dfrac{\sin(x-y)+y\cos x}{\sin(x-y)-\sin x}$; (2) $\dfrac{3x^2 y+\cos x-2x}{1-x^3}$; (3) $\mathrm{e}-\mathrm{e}^2$; (4) $(\cot t-t)\cos t$; (5) $\left(\dfrac{4}{x}-\dfrac{x}{x^2+1}\right)\mathrm{d}x$; (6) $(2\ln 5)^n 5^{2x}+(-1)^n n!\,x^{-(n+1)}$.

5. $\dfrac{f''(x+y)}{[1-f'(x+y)]^3}$.

第 3 章 微分中值定理与导数的应用

习题 3-1 中值定理

1. (1) $f'(\xi)=\dfrac{f(b)-f(a)}{b-a}$; (2) $\dfrac{1}{\ln 2}-1$.

2. D.

3. 提示：设区间为 $[a,b]$，证明 $f'\left(\dfrac{a+b}{2}\right)=\dfrac{f(b)-f(a)}{b-a}$ 即可.

4. 提示：证明 $(\arcsin x+\arccos x)'=0$ 及 $(\arcsin x+\arccos x)\big|_{x=0}=\dfrac{\pi}{2}$ 即可.

5. 2.

6. 提示：(1) $f(1)=f(2)=f(3)=f(4)=0$，在 $[1,2]$，$[2,3]$，$[3,4]$ 上应用罗尔定理，得到 $(1,2),(2,3),(3,4)$ 内均存在 $f'(x)$ 的零点；(2) $f'(x)$ 为 3 次多项式，最多 3 个零点.

7. (1) 设 $f(x)=e^x-ex$，有 $f'(x)=e^x-e>0(x>1)$，在任意区间 $[1,x]\subset[1,+\infty)$ 上应用拉格朗日中值定理，有 $\dfrac{f(x)-f(1)}{x-1}=f'(\xi)>0(\xi>1)$，于是 $f(x)>f(1)=0$；(2) 略.

习题 3-2　洛必达法则

1. (1) $-\dfrac{5}{3}$；(2) $\dfrac{1}{2}$.

2. (1) $-\dfrac{1}{8}$；(2) 0；(3) $\dfrac{1}{6}$；(4) 0.

3. 0.

4. $e^{-\frac{2}{\pi}}$.

5. (1) C；(2) A.

6. (1) $\dfrac{1}{2}$；(2) $\dfrac{1}{2}$；(3) 1；(4) $-\dfrac{1}{6}$.

7. (1) $\dfrac{1}{2}$；(2) $e^{\frac{1}{3}}$；(3) $-\dfrac{e}{2}$；(4) -2.

习题 3-3　泰勒公式

1. $\tan x=x+\dfrac{1+2\sin^2(\theta x)}{3\cos^4(\theta x)}x^3$，$0<\theta<1$.

2. (1) $\dfrac{1}{3}$（提示：$\sin x=x-\dfrac{x^3}{3}+o(x^3)$，$\cos x=1-\dfrac{x^2}{2}+o(x^2)$）；

(2) $\dfrac{1}{2}$（提示：$\tan x=x+\dfrac{1}{3}x^3+o(x^3)$）.

习题 3-4　函数的单调性

1. $(2,+\infty)$，$(0,2)$.

2. (1) 简要证明：设 $f(x)=1+x\ln(x+\sqrt{1+x^2})-\sqrt{1+x^2}$，有 $f'(x)=\ln(x+\sqrt{1+x^2})$，$x>0$ 时，$f'(x)>0$，$f(x)$ 严格单调递增，$f(x)>f(0)=0$；(2) 略.

3. 提示：设 $f(x)=x^5+x-1$. (1) 利用一阶导数的符号证明 $f(x)$ 严格单调递增；(2) 利用零点定理证明 $f(x)$ 在 $(0,1)$ 内有根.

4. (1) 正确；(2) $f(x)=x^3$ 严格单调增加，但 $f'(0)=0$.

5. (1) 首先由一阶导数的符号划分区间，然后判断：若在某连续分界点两侧的严格单调性相异，则该点为极值点；(2) $f'(x)=2-\dfrac{8}{x^2}$；$0<x<2$ 时，$f'(x)<0$，$f(x)$ 严格单调递减；$x>2$ 时，$f'(x)>0$，$f(x)$ 严格单调递增，且 $f(x)$ 在 $x=2$ 处连续，故 $x=2$ 为极小值点.

习题 3-5　曲线的凹凸性与拐点

1. $[0,+\infty)$，$(-\infty,0]$，$(0,0)$.

2. $(0,+\infty)$，$(-\infty,0)$，不存在.

3. B.

4. $(-\infty, 0]$, $[0, +\infty)$, $(0, 0)$.

5. $\left[-\frac{\sqrt{2}}{2}, \frac{\sqrt{2}}{2}\right]$, $\left(-\infty, -\frac{\sqrt{2}}{2}\right]$ 和 $\left[\frac{\sqrt{2}}{2}, +\infty\right)$, $\left(\pm\frac{\sqrt{2}}{2}, 1-e^{-\frac{1}{2}}\right)$.

6. B.

习题 3-6　曲线的渐近性及作图

1. (1) $y=2$ 和 $x=1$; (2) $y=1$; (3) 2.

2. (1)

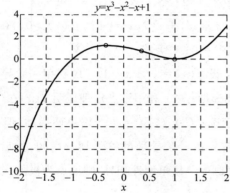

(2)

3. (1) 以 $x \to +\infty$ 的情形为例，$\lim\limits_{x \to +\infty}[f(x)-(kx+b)]=\lim\limits_{x \to +\infty} x \cdot \frac{f(x)-(kx+b)}{x}=0 \Rightarrow \lim\limits_{x \to +\infty}\frac{f(x)-(kx+b)}{x}=0 \Rightarrow k=\lim\limits_{x \to +\infty}\frac{f(x)-b}{x}=\lim\limits_{x \to +\infty}\frac{f(x)}{x}$, $\lim\limits_{x \to +\infty}[f(x)-(kx+b)]=0 \Rightarrow b=\lim\limits_{x \to +\infty}[f(x)-kx]$; (2) $y=\pm 2x$.

习题 3-7　函数的极值和最值

1. D.

2. (1) $-\frac{1}{\ln 2}$; (2) 0; (3) <0.

3. (1) 极小值 $y(1)=2$; (2) 无极值.

4. (1) 2; (2) $\frac{5}{4}, -1$.

5. C.

6. (1) 极小值 $y(0)=0$; (2) 极大值 $y\left(\frac{3}{4}\right)=\frac{5}{4}$.

7. $a=\frac{1}{4}, b=-\frac{3}{4}, c=0, d=1$.

8. B.

9. (1) 若 $f''(x_0)=0, f'''(x_0) \neq 0$, 则 $(x_0, f(x_0))$ 为 $y=f(x)$ 的拐点; (2) 略.

习题 3-8　曲率

1. $ds=\sqrt{1+\left(\frac{1}{1+x^2}\right)^2}dx$.

2. $\kappa = \dfrac{x}{(1+x^2)^{3/2}}$.

3. C.

4. D.

5. $ds = \dfrac{1+x^2}{1-x^2}dx$.

6. $x=1$ 处有最小曲率半径 $\dfrac{1}{2}$.

总习题 3

1. (1) C; (2) B; (3) C; (4) C; (5) B.

2. (1) 1; (2) $\arccos\dfrac{2}{\pi}$; (3) $y=f(x_0)$; (4) 4; (5) $(0,e)$ 和 $(e,+\infty)$.

3. (1) 1; (2) $-\dfrac{1}{2}$; (3) $+\infty$; (4) $\dfrac{1}{2}$; (5) $e^{-\frac{1}{6}}$.

4. 极值点 $x=-1$；凹区间 $(-2,+\infty)$，凸区间 $(-\infty,-2)$，拐点 $(-2,-2e^{-2})$；渐近线 $y=0$.

5. (1) 提示：(a) $F(0)=F(1)=0 \xrightarrow{\text{罗尔定理}} \exists \eta \in (0,1), F'(\eta)=0$；(b) $F'(0)=0$；(c) 在 $[0,\eta]$ 上对 $F'(x)$ 用罗尔定理；(2) 提示：证明 $x>0$ 时 $f(x)=x-\arctan x$ 严格单调递增.

6. $a=2$；极大值 $f\left(\dfrac{\pi}{3}\right)=\sqrt{3}$.

第 4 章 不定积分

习题 4-1 不定积分的概念与性质

1. (1) $16x+C$；(2) $\arcsin x+C$；(3) $-\cos x+C$；(4) $\sin x^2$；(5) $\cos\dfrac{x}{2}$.

2. (1) $\ln|x|+3e^x+\tan x+C$；(2) $a\ln|x|-\dfrac{a^2}{x}-\dfrac{a^3}{2x^2}+C$；(3) $\dfrac{2}{5}x^{\frac{5}{2}}-\dfrac{1}{2}x^2+C$；(4) $\arctan x+\ln|x|+C$；(5) $-\dfrac{1}{x}-\arctan x+C$；(6) $\dfrac{1}{5\ln 2}\left(\dfrac{1}{2}\right)^x-\dfrac{2}{\ln 5}\left(\dfrac{1}{5}\right)^x+C$；(7) $\dfrac{x^3}{3}-x+\arctan x+C$.

3. $\cos x+C$.

4. (1) $4\tan x-9\cot x-x+C$；(2) $\dfrac{1}{2}(x+\sin x)+C$；(3) $\sin x-\cos x+c$；(4) $x^3-x+\arctan x+c$.

5. $y=\ln|x|+1$.

6. $f(x)=x^3-3x^2+4$.

7. $f(x)=\begin{cases}\dfrac{1}{3}x^3, & x\leqslant 0 \\ 1-\cos x, & x>0.\end{cases}$

习题 4-2　换元积分法

1. (1) $\dfrac{1}{3}$, $\dfrac{1}{3}\int \sin^2 3x \mathrm{d}\sin 3x$, $\dfrac{1}{9}\sin^3 3x + C$; $-\dfrac{1}{3}$, $-\dfrac{1}{3}\int \cos^2 3x \mathrm{d}\cos 3x$, $-\dfrac{1}{9}\cos^3 3x + C$; (2) $\dfrac{1}{2}$, $\dfrac{1}{2}\int \dfrac{1}{(x^2+1)^2}\mathrm{d}(x^2)$, $-\dfrac{1}{2(x^2+1)}+C$.

2. (1) $\dfrac{1}{153}(3x-2)^{51}+C$; (2) $\dfrac{a^{mx+n}}{m\ln a}+C$; (3) $\dfrac{1}{2}e^{2x-3}+C$; (4) $\dfrac{1}{3}\sin(3x-5)+C$; (5) $-2\sqrt{2-x}+C$; (6) $\dfrac{2}{3}(\ln x)^{\frac{3}{2}}+C$; (7) $\dfrac{1}{2}e^{x^2}+C$; (8) $-\cos e^x + C$; (9) $\dfrac{1}{3}(\arctan x)^3 + C$; (10) $\dfrac{2}{3}(x^2+1)^{\frac{3}{2}}+C$.

3. (1) $\dfrac{2}{3}(x-2)^{\frac{3}{2}}+4(x-2)^{\frac{1}{2}}+C$; (2) $\dfrac{2}{3}[\sqrt{3x}-\ln(1+\sqrt{3x})]+C$; (3) $\dfrac{x}{a^2\sqrt{a^2-x^2}}+C$.

4. (1) $-$, $-\dfrac{1}{2}(e^{-\frac{x^2}{2}}+1)^2+C$; (2) $-\cot x \csc x + C$; (3) $\dfrac{1}{x}+C$; (4) $-\dfrac{2}{x^2}+C$.

5. (1) $\dfrac{7}{4}\ln|x-1|+\dfrac{1}{4}\ln|x+3|+C$; (2) $\dfrac{3}{8}x+\dfrac{1}{4}\sin 2x+\dfrac{1}{32}\sin 4x+C$; (3) $\ln|\ln\ln x|+C$; (4) $\dfrac{x^3}{3}+\dfrac{1}{3}(x^2-1)^{\frac{3}{2}}+C$; (5) $-\dfrac{1}{2}\dfrac{1}{(x\ln x)^2}+C$; (6) $(\arcsin\sqrt{x})^2+C$.

6. (1) $2\sqrt{x}-3\sqrt[3]{x}+6\sqrt[6]{x}-6\ln(\sqrt[6]{x}+1)+C$; (2) $\ln\dfrac{\sqrt{1+e^x}-1}{\sqrt{1+e^x}+1}+C$; (3) $\dfrac{1}{4}\dfrac{\sqrt{x^2-4}}{x}+C$; (4) $\dfrac{x-1}{4\sqrt{x^2-2x+5}}+C$.

7. $\dfrac{1}{2}\arccos\dfrac{1}{x}+\dfrac{\sqrt{x^2-1}}{2x^2}+C$.

8. $\arcsin e^x + e^x\sqrt{1-e^{2x}}+C$.

9. (1) $\arctan x + \dfrac{1}{3}\arctan x^3 + C$（提示：分子为 $x^4+1=(x^4-x^2+1)+x^2$）; (2) $\ln(1+e^{-x})-e^{-x}+C$; (3) $\dfrac{1}{2a^2}\ln(a^2\tan^2 x+b^2)+C$; (4) $\dfrac{1}{2}(\ln|\tan x|+\tan x)+C$.

10. (1) $\dfrac{x}{x-\ln x}+C$（提示：令 $x=\dfrac{1}{t}$）; (2) $2\sqrt{1+\ln x}+\ln\left|\dfrac{\sqrt{1+\ln x}-1}{\sqrt{1+\ln x}+1}\right|+C$（提示：令 $\sqrt{1+\ln x}=t$）.

习题 4-3　分部积分法

1. (1) $\tan x$, $x\tan x - \int \tan x \mathrm{d}x$; (2) $\ln x$, $\ln x \ln\ln x - \int \ln x \mathrm{d}\ln\ln x$.

2. (1) $(x-1)e^x + C$; (2) $x^{\frac{3}{2}}\left(\dfrac{2}{3}\ln x - \dfrac{4}{9}\right)+C$; (3) $-\dfrac{\ln x + 1}{x}+C$; (4) $\dfrac{\sin x}{x}+C$.

3. (1) $xf'(x) - f(x) + C$; (2) $\cos x - \dfrac{2\sin x}{x}+C$.

4. $\dfrac{x}{\sqrt{1+x^2}} - \ln(x+\sqrt{1+x^2}) + C$.

5. (1) $(x^2-2x+2)e^x + C$; (2) $\dfrac{e^x}{2}(\sin x - \cos x) + C$.

6. $-\dfrac{1}{2}, -\dfrac{1}{2}e^{-2x}, -\dfrac{1}{2}\left[xe^{-2x} - \int e^{-2x}dx\right]$.

7. (1) $\dfrac{x^3}{6} + \dfrac{1}{4}\left(x^2 - \dfrac{1}{2}\right)\sin 2x + \dfrac{1}{4}x\cos 2x + C$; (2) $\dfrac{1}{2}[\tan x \sec x + \ln|\tan x + \sec x|] + C$; (3) $x\operatorname{arccot} x + \dfrac{1}{2}\ln(1+x^2) + C$; (4) $2(\sqrt{x}-1)e^{\sqrt{x}} + C$; (5) $e^x \arctan e^x - \dfrac{1}{2}\ln(e^{2x}+1) + C$; (6) $-\cos x \ln \tan x + \ln|\csc x - \cot x| + C$; (7) $x - (e^{-x}+1)\ln(1+e^x) + C$; (8) $-\dfrac{1}{2}(x^2+1)e^{-x^2} + C$; (9) $\dfrac{x}{2}(\cos\ln x + \sin\ln x) + C$.

8. 证明：$\int f^{-1}(x)dx = xf^{-1}(x) - \int x df^{-1}(x)$，设 $t = f^{-1}(x)$，则 $x = f(t)$，于是 $\int x df^{-1}(x) = \int f(t)dt = F(t) + C = F[f^{-1}(x)] + C$.

9. $\dfrac{x-2}{x+2}e^x + C$.

10. $xe^{x+\frac{1}{x}} + C$ （提示：原式 $= \int e^{x+\frac{1}{x}}dx + \int\left(x-\dfrac{1}{x}\right)e^{x+\frac{1}{x}}dx$，对等号右端第一式用分部积分）．

习题 4-4 有理函数的积分

1. $\dfrac{1}{3}x^3 - \dfrac{3}{2}x^2 + 9x - 27\ln|x+3| + C$.

2. $\ln|x+1| - \dfrac{1}{2}\ln|2x+1| + C$.

3. $\ln|x^2+3x-10| + C$.

4. $\ln|x+1| - 2\ln|x+2| + \ln|x+3| + C$.

5. $\ln|x| - \dfrac{1}{2}\ln(x^2+1) + C$.

6. $\dfrac{1}{2}\ln(x^2-2x+5) + \arctan\dfrac{x-1}{2} + C$.

7. $\ln|x+1| - \dfrac{1}{2}\ln(x^2-x+1) + \sqrt{3}\arctan\dfrac{2x-1}{\sqrt{3}} + C$.

8. $\dfrac{2}{x+1} + \ln|x^2-1| + C$.

9. $\sqrt{1-x^2} + \arcsin x + C$ 或 $\sqrt{1-x^2} - 2\arctan\sqrt{\dfrac{1-x}{1+x}} + C$.

10. $2\ln(1+e^{-\frac{x}{2}}) - 2e^{-\frac{x}{2}} + C$.

11. $\dfrac{1}{2\sqrt{3}}\arctan\dfrac{2\tan x}{\sqrt{3}} + C$.

12. $\dfrac{2}{\sqrt{3}}\arctan\left[\dfrac{2\tan\dfrac{x}{2}+1}{\sqrt{3}}\right] + C$.

13. $2\ln\left|\sin\dfrac{x}{2}\right| - \cot\dfrac{x}{2} + C$.

习题 4-P 程序实现

1. `syms x; int(1/x^2 + sin(x) + csc(x)^2,x)`

2. (1) `syms x; int(x*exp(x)^2,x)`

(2) `syms x; int(atan(x)^2/(1+x^2),x)`

(3) `syms x; int(sqrt(x^2-1) + 1/(x^(1/2) + x^(1/3)),x)`

3. syms x; int(x*(tan(x)^2+1),x)
4. syms x; int((x^5 + 3*x^2 - 1)/(x^3 + 4*x^2 - 3*x - 2),x)

总习题 4

1. (1) A；(2) C；(3) C；(4) B；(5) D.

2. (1) $e^{2x}\sin 3x$；(2) $y=x^3+1$；(3) $\frac{1}{4}\tan^4 x+\ln|\tan x|+\tan x+C$；(4) $\frac{1}{2}\cos\frac{1}{x^2}+C$；(5) $e^{x\sin x}(x\sin x+x^2\cos x-1)+C$.

3. (1) $\arctan x-\frac{1}{x}+C$；(2) $\sin x-\frac{1}{3}\sin^3 x+C$；(3) $\ln(4+x^2)+\frac{1}{2}\arctan\frac{x}{2}+C$；(4) $\frac{1}{2}\ln^2 x-e^{\frac{1}{x}}+C$；(5) $2\ln\frac{2-\sqrt{4-x^2}}{|x|}+\sqrt{4-x^2}+C$；(6) $2\arctan\sqrt{e^x-1}+C$；(7) $\frac{1}{4}x^4\left(\ln x-\frac{1}{4}\right)+C$；(8) $(1+\ln\cos x)\tan x-x+C$；(9) $\frac{e^x}{x+1}+C$.

4. (1) $x\cos x\ln x+(1+\sin x)(1-\ln x)+C$；(2) $\frac{\sin^2 2x}{\sqrt{x-\frac{1}{4}\sin 4x+1}}$；

(3) 27m,10s.

第 5 章 定 积 分

习题 5-1 定积分的概念与性质

1. (1) B；(2) C；(3) C；(4) D；(5) B.
2. 0.
3. (1) $\int_0^1 x^2\mathrm{d}x>\int_0^1 x^3\mathrm{d}x$；(2) $\int_1^2 \ln x\mathrm{d}x>\int_1^2 (\ln x)^2\mathrm{d}x$.
4. (1) $[\pi,2\pi]$；(2) $[-2e^2,-2e^{-\frac{1}{4}}]$.
5. $\int_0^1 \sqrt{1-x^2}\mathrm{d}x$ 表示以原点为圆心以1为半径的圆内部在第一象限的部分的面积，为 $\frac{\pi}{4}$.
6. $\frac{1}{\ln 2}$.
7. $\frac{\pi}{4}$.
8. a.

习题 5-2 微积分基本公式

1. (1) A；(2) C.
2. (1) e；(2) 1；(3) $f(x)$.
3. (1) $\ln 2+\frac{7}{2}$；(2) $\frac{\pi}{2}-\frac{2}{3}$.
4. C.
5. (1) $\frac{1}{2}$；(2) $2(\sqrt{2}-1)$.
6. $e+\frac{4}{3}$.
7. C.
8. (1) $[e^2,+\infty)$；(2) $\frac{1}{3}$.
9. $1+\frac{1}{2}\ln 2$.
10. $-\frac{\cos x}{e^y}$.

11. 提示：$F'(x) = \dfrac{\int_a^x (f(x)-f(t))\mathrm{d}t}{(x-a)^2} = \dfrac{\int_a^x f'(\xi)(x-t)\mathrm{d}t}{(x-a)^2} \leqslant 0.$

12. A.

13. $\psi'(x)\int_a^{\varphi(x)} f(t)\mathrm{d}t + \psi(x)f[\varphi(x)]\varphi'(x).$

习题 5-3 定积分的换元法和分部积分法

1. (1) B；(2) C.

2. (1) 0；(2) 0；(3) $\dfrac{1}{2}(e-1)$；(4) 1.

3. (1) $\dfrac{3}{4}$；(2) $2(\sqrt{3}-1)$；(3) $\dfrac{\sqrt{3}-\sqrt{2}}{2}$.

4. (1) D；(2) B；(3) C；(4) C；(5) D.

5. (1) $f[\varphi(x)-\psi(x)](\varphi'(x)-\psi'(x)) + f[a-\psi(x)]\psi'(x)$；
   (2) 2017.

6. (1) $\dfrac{1}{24}\ln\dfrac{80}{17}$；(2) $2\sqrt{2}$；(3) $\dfrac{5}{2}$.

7. 3.

8. 2.

9. $\dfrac{1}{2}(e\cos 1 + e\sin 1 - 1).$

10. $\dfrac{\pi a^3}{2}.$

11. $\dfrac{2}{4-\pi}(e\cos 1 + e\sin 1 - 1).$

12. $f(x) = x^2 - \dfrac{4}{3}x + \dfrac{2}{3}.$

13. $e^{-1} - 1.$

14. $\ln(1+e).$

习题 5-4 反常积分

1. (1) D；(2) B.

2. (1) $\dfrac{1}{4}$；(2) 2；(3) 发散.

3. (1) C；(2) D；(3) B.

4. (1) $>1, \dfrac{(\ln 2)^{1-k}}{k-1}, \leqslant 1$；(2) $\dfrac{1}{2}\ln 2$；(3) $+\infty$(发散).

5. (1) 1；(2) $\sqrt{3}+\sqrt{5}$；(3) $\dfrac{1}{4}.$

习题 5-P 程序实现

1. a = -1; b = 1; N = 10000; h = (b-a)/N; x = linspace(a+h,b,N); y = exp(x.^2); format long; Int = sum(y)*h

2. syms x; int(1/(1+cos(2*x)),x,0,pi/3)

3. (1) syms x; format long; eval(int(1/(x*sqrt(1+log(x))),x,1,exp(2)))

   (2) syms x; format long; eval(int(cos(log(x)),x,1,exp(1)))

4. syms x; int(exp(-x^2),x,0,inf)

总习题 5

1. (1) D；(2) A；(3) C；(4) B；(5) C；(6) C；(7) A；(8) C.

2. (1) 0；(2) -1；(3) $\dfrac{1}{3}$；(4) $\dfrac{\pi^3}{12}$；(5) $\dfrac{32}{35}$；(6) 1；(7) 0；

(8) ln3；(9) $\dfrac{3}{2}\left(1+\dfrac{\pi}{4}\right)$.

3. (1) $\dfrac{3}{2}$；(2) $2\left(1-\dfrac{\pi}{4}\right)$；(3) $200\sqrt{2}$；(4) $2-\dfrac{2}{e}$；(5) $\dfrac{\pi}{4}$；

(6) $\dfrac{\sqrt{3}\pi}{9}$；(7) $\dfrac{1}{2}$；(8) $\sqrt{3}+\sqrt{5}$.

4. $\dfrac{7}{3}-\dfrac{1}{e}$.

5. $\dfrac{1}{2}\left(1-\dfrac{\pi}{4}\right)$.

6. $\dfrac{\pi}{4}$.

第6章　定积分的应用

习题 6-1　定积分的几何应用

1. (1) C；(2) D.

2. $\dfrac{3}{2}-\ln 2$.

3. $\dfrac{9}{2}$.

4. $\dfrac{15\pi}{2}$.

5. 42.

6. (1) $\dfrac{3}{2}$；(2) $\dfrac{\pi}{2}(e^{2}+e^{-2}-2)$；(3) $\dfrac{\pi}{6}$.

7. (1) $\dfrac{32}{3}$；(2) $\dfrac{9\pi-2}{3\pi+2}$；(3) $\dfrac{3\pi a^{2}}{2}$.

8. 绕 x 轴旋转 $V_{x}=\dfrac{16}{15}\pi$，绕 y 轴旋转 $V_{y}=\dfrac{8}{3}\pi$.

9. (1) $\ln 3-\dfrac{1}{2}$；(2) $8a$.

10. $\dfrac{3\pi a^{2}}{8}$.

11. $y=\dfrac{1}{2}(x+1)$.

12. 绕 x 轴旋转 $V_{x}=5\pi^{2}a^{3}$，绕 $y=2a$ 旋转 $V_{\bar{x}}=7\pi^{2}a^{3}$.

13. B.

14. (3) 简要证明：

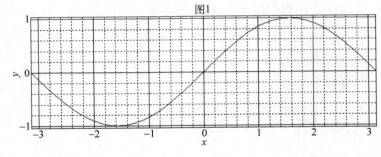

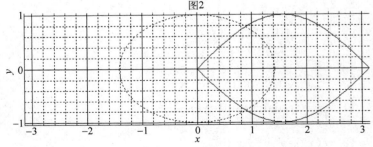

对于 C_1, $x \in \left[0, \dfrac{\pi}{2}\right]$, $y \geq 0$ 段的长度为总长的 $\dfrac{1}{4}$, 该段弧长

$$s_1 = \int_0^{\frac{\pi}{2}} \sqrt{1+\cos^2 x}\, \mathrm{d}x;$$

对于 C_2, $x \in [0, \sqrt{2}]$, $y \geq 0$ 段的长度为总长的 $\dfrac{1}{4}$, 该段弧长

$$s_2 = \int_0^{\frac{\pi}{2}} \sqrt{(-\sqrt{2}\sin\theta)^2 + \cos^2\theta}\, \mathrm{d}\theta$$
$$= \int_0^{\frac{\pi}{2}} \sqrt{1+\sin^2\theta}\, \mathrm{d}\theta$$
$$= \int_0^{\frac{\pi}{2}} \sqrt{1+\cos^2\theta}\, \mathrm{d}\theta.$$

习题 6-2 定积分的物理应用

1. (1) $v_0 T + \dfrac{1}{2}aT^2$; (2) 75kg.

2. (1) 0.5J; (2) 10348800N; (3) 引力大小为 $\dfrac{2Gm\mu_0}{a}$, 方向沿 y 轴负向.

3. 0.

4. (1) $2^{-\frac{t}{1600}}$ g; (2) 10648s.

5. (1) 69000J; (2) 91500J.

总习题 6

1. (1) D; (2) C; (3) A.

2. (1) $\pi\left(\dfrac{a^2}{2}+b^2\right)$; (2) $\dfrac{\pi^2}{2}$; (3) $\dfrac{1}{2}\ln\dfrac{1+\sin a}{1-\sin a}$; (4) $\dfrac{19600}{3}$ N.

3. (1) $\dfrac{37}{12}$; (2) 切点 $\left(\dfrac{\sqrt{3}}{3}, \dfrac{2}{3}\right)$, 最小面积 $\dfrac{4\sqrt{3}}{9} - \dfrac{2}{3}$; (3) $\dfrac{62}{15}\pi$;

(4) $2\pi^2 a$; (5) 24500000πJ; (6) $W_r = \dfrac{mgRr}{R+r}$, $v_0 \geq \sqrt{2Rg}$.

第7章 常微分方程

习题 7-1 微分方程的基本概念

1. (1) 1; (2) 1; (3) 2; (4) 3.

2. (1) D; (2) C; (3) C.

3. $y = x\mathrm{e}^{2x}$.

4. (1) 不是解; (2) 特解.

5. (1) 不是解; (2) 通解.

6. 略.

7. $\dfrac{\mathrm{d}y}{\mathrm{d}x} = 2\mathrm{e}^x$, $y\big|_{x=1} = 2$, $\begin{cases} \dfrac{\mathrm{d}y}{\mathrm{d}x} = 2\mathrm{e}^x, \\ y\big|_{x=1} = 2. \end{cases}$

8. 通解.

习题 7-2 一阶微分方程

1. (1) $10^x + 10^{-y} = C$; (2) $y = \tan\left[\dfrac{1}{2}(x+1)^2 + C\right]$;

(3) $y = \ln\dfrac{1}{2}(\mathrm{e}^{2x}+1)$.

2. (1) $y^2 = 2x^2 \ln Cx$; (2) $y = x\arcsin\ln x$, 或 $\sin\dfrac{y}{x} = \ln x$.

3. (1) $y = (x+C)e^{-x}$; (2) $y = \dfrac{-\cos x + C}{x}$; (3) $y = e^x(\sin x + C)$;

(4) $y = \dfrac{3}{2}(e^{2-2x}+1)$; (5) $y = (x^3-1)e^{\frac{x^2}{2}}$.

4. (1) D; (2) C; (3) A.

5. (1) $y = C - e^{-x}$; (2) $f(x) = \dfrac{C}{x} - \dfrac{1}{2}x$; (3) $y = e^{-\int P dx}\left[\int Q \cdot e^{\int P dx} dx + C\right]$.

6. (1) C; (2) CD; (3) D.

7. A.

8. (1) 可分离变量, $\tan x \tan y = C$; (2) 可分离变量, $(e^x-1)(e^y+1) = C$; (3) 齐次, $y = xe^{Cx+1}$; (4) 齐次或一阶线性微分方程, $x = y(C - \ln y)$; (5) 一阶线性, $y = C\cos x - 2\cos^2 x$; (6) 一阶线性, $y = \dfrac{x^3+C}{x^2+1}$; (7) 一阶线性, $x = \dfrac{1}{2}y^3 + Cy$; (8) 可分离变量, $y = \dfrac{1}{2}(\arctan x)^2$; (9) 可分离变量, $y = e^{\csc x - \cot x}$ (或 $y = e^{\tan\frac{x}{2}}$); (10) 一阶线性, $y = \dfrac{x}{\cos x}$.

9. $y^2 = x^2 - 3$, 双曲线.

10. C.

11. $y = \dfrac{e^{2x} - e^x}{x}$.

12. e^x.

13. $f(x) = e^{x^2} - 1$.

14. $f(x) = \dfrac{1}{2}(\sin x + \cos x - e^{-x})$.

习题 7-3 可降阶的高阶微分方程

1. $y = \cos x + C_1 x^2 + C_2 x + C_3$.

2. (1) $y = \dfrac{4}{3}x^{\frac{3}{2}} + \dfrac{1}{4}e^{2x} + C_1 x + C_2$; (2) $y = \dfrac{1}{3}x^3 + C_1 x^2 + C_2$;

(3) $y = C_2 e^{C_1 x}$.

3. (1) A; (2) C.

4. (1) C; (2) B.

5. $y = \ln(2-x)$.

6. $y = -\dfrac{2}{x}$.

7. $y = C_1 e^x + C_2 x + C_3$.

8. (1) $y = \dfrac{1}{3}x^3\left(\ln x - \dfrac{5}{6}\right) + C_1 x + C_2$;

(2) $y = x\arctan x - \dfrac{1}{2}\ln(1+x^2) + C_1 x + C_2$.

习题 7-4 常系数齐次线性微分方程

1. (1) $r^2 + 2r + 1 = 0$; (2) $y'' - 2y' + 3y = 0$;

(3) $y = C_1 e^{r_1 x} + C_2 e^{r_2 x}$.

2. (1) $y = C_1 e^{-2x} + C_2 e^x$; (2) $y = C_1 \cos x + C_2 \sin x$;

(3) $y = e^{2x}(C_1 \cos x + C_2 \sin x)$.

3. (1) $y = -5e^{-2x} + 11$; (2) $y = (1-2x)e^{2x}$.

4. $0, -1$.

5. $y'' = 0$.

6. (1) B；(2) C.

7. 提示：需要验证两点，$y=e^{-x}\sin x$. (1) 是方程的解；(2) 在原点处的斜率为1.

习题 7-5　常系数非齐次线性微分方程

1. (1) C；(2) A；(3) D；(4) B.

2. (1) $y^* = x^2(ax+b)e^x$；(2) $y^* = x[(a_1x+b_1)\cos x + (a_2x+b_2)\sin x]$.

3. $y^* = \dfrac{1}{10}[-\cos 2x + 2\sin 2x]e^x$.

4. $y^* = x(ax+b+ce^{-3x})$.

5. 提示：通解为 $y = C_1 e^x + C_2 e^{-x} + (x^2-x)e^x$，满足条件的特解为 $y = (x^2-x+1)e^x - e^{-x}$.

6. $y = (C_1+C_2 x)e^x + x + 2$.

习题 7-6　微分方程的应用

1. $\dfrac{dy}{dx} = -\dfrac{2x}{y}$.

2. $s'' = g,\ s\big|_{t=0} = s'\big|_{t=0} = 0$.

3. C.

4. 提示：所求问题为 $F-(a+bv) = m\dfrac{dv}{dt},\ v\big|_{t=0}=0$，解得速度 $v = \dfrac{F-a}{b}(1-e^{-\frac{b}{m}t})$；再由 $\dfrac{ds}{dt}=v,\ s\big|_{t=0}=0$，解得位移 $s = \dfrac{F-a}{b}\left[t + \dfrac{m}{b}(e^{-\frac{b}{m}t}-1)\right]$.

5. 提示：设时间为 t，水深为 h，则桶内的水量为 $V = \pi R^2 h$，所求的初值问题为 $\begin{cases}\pi R^2 \dfrac{dh}{dt} = -Kh, \\ h\big|_{t=0} = H,\end{cases}$ 解得 $h = He^{-\frac{K}{\pi R^2}t}$. 再由 $t=1$ 时 $\dfrac{H-h}{H} = k\%$，可得 t 小时后水深为 $h = H(1-k\%)^t$.

6. 提示：由牛顿第二定律，可得 $\begin{cases}g - \dfrac{g}{256}v^2 = \dfrac{dv}{dt}, \\ v\big|_{t=0} = 176,\end{cases}$ 解得 $v = 16\dfrac{6+5e^{-\frac{g}{8}t}}{6-5e^{-\frac{g}{8}t}}$ m/s，极限速度为 16 m/s.

7. 提示：设比例系数为 k，物体下落的直线为 Os 轴；由牛顿第二定律可得 $\begin{cases}ma = mg-kv, \\ s\big|_{t=0} = v\big|_{t=0} = 0,\end{cases}$ 即 $\begin{cases}m\dfrac{d^2s}{dt^2} = mg - k\dfrac{ds}{dt}, \\ s\big|_{t=0} = s'\big|_{t=0} = 0,\end{cases}$ 解得下沉速度 $v = \dfrac{ds}{dt} = \dfrac{mg}{k}(1-e^{-\frac{k}{m}t})$，物体运动规律为 $s = \dfrac{mg}{k}\left[t + \dfrac{m}{k}(e^{-\frac{k}{m}t}-1)\right]$.

8. 提示：由题意，曲线 $y = f(x)$ 满足积分方程 $\int_0^x f(t)dt = 2\left[xf(x) - \int_0^x f(t)dt\right]$，解得 $y = 3\sqrt{\dfrac{x}{2}}$.

9. 提示：由题意，曲线 $y = f(x)$ 满足积分方程 $\int_0^x f(t)dt - \dfrac{1}{2}(f(x)+1)x = x^3$，解得 $y = f(x) = -6x^2 + 5x + 1$.

习题 7-P 程序实现

1. (1) `dsolve('Dy = y^2/sqrt(1-x^2)','x')`

(2) `dsolve('Dy = y^2/sqrt(1-x^2)','y(0) = 1','x')`

(3) `dsolve('D2u - 3*Du + 2*u = 0','t')`

(4) `dsolve('D2s + Ds - 2*s = 4*t','s(0) = 2,Ds(0) = -5','t')`

(5) `u = dsolve('10*u*Du = D2u','u(0) = 0,Du(0) = 5','t'); disp(u); ezplot(u)`

2. (1) 略;

(2) 提示: 方程化为 $\begin{cases} \dfrac{ds}{dt}=\omega, & t\in[0,3], \\ \dfrac{d\omega}{dt}+\omega-2s=4t, & t\in[0,3], \\ s\big|_{t=0}=2, & \omega\big|_{t=0}=-5, \end{cases}$ 函数文件 fode.m 中的内容为

```
function dY = fode(x,Y)
dY = zeros(2,1);
dY(1) = Y(2);
dY(2) = 2*Y(1) - Y(2) + 4*x;
end
```

(3) 略.

总习题 7

1. (1) B; (2) D; (3) D; (4) E; (5) A; (6) C; (7) F; (8) G.

2. (1) C; (2) D.

3. (1) $(x^2-1)(y^2-1)=C$; (2) $y=\dfrac{x}{2}+\dfrac{C}{x}$; (3) $y=e^{-x}[C_1\cos 2x+C_2\sin 2x]$; (4) $y=e^x-\sin x+C_1 x^2+C_2 x+C_3$; (5) $f(x)=(1+x^2)\ln(1+x^2)+1-x^2$; (6) $y''-2y'+y=0$; (7) $y=C_1(x^2-1)+C_2(x-1)+1$.

4. (1) $\sin\dfrac{y}{x}=Cx$; (2) $e^y=C(\csc x-\cot x)$; (3) $y=\csc x\left[\dfrac{1}{2}x+\dfrac{1}{4}\sin 2x-1-\dfrac{\pi}{2}\right]$; (4) $y=C_1 x^3+C_2$; (5) $y=2e^x+e^{3x}$.

5. 提示: 通解为 $y=C_1\cos x+C_2\sin x+\dfrac{1}{2}e^x$, 所求函数为 $f(x)=\dfrac{1}{2}[\cos x+\sin x+e^x]$.

6. 提示: 设在时刻 t, 链条下垂 x m. 设链条线密度为 μ, 则 $6\mu\dfrac{d^2x}{dt^2}=\mu xg$, 所以初值问题为 $\begin{cases} 6\dfrac{d^2x}{dt^2}=xg, \\ x\big|_{t=0}=3, \dfrac{dx}{dt}\big|_{t=0}=0, \end{cases}$ 解得 $x=\dfrac{3}{2}(e^{\sqrt{\frac{g}{6}}t}+e^{-\sqrt{\frac{g}{6}}t})$. 当 $x=6$ 时, $t=\sqrt{\dfrac{6}{g}}\ln(2+\sqrt{3})\approx 1.03$ (s).

预备知识 参考答案

1. (1) A; (2) A; (3) B; (4) D.

2. (1) $3,2x-1$; (2) $\{x|x\geqslant -1,x\neq 2\}$; (3) $[-2,0]$; (4) $[-4,-1)\cup(1,2]$; (5) $e^{2x}+1$; (6) $e^{x-1}-2$; (7) $\begin{cases} 3x-2, & x\geqslant 2, \\ x+2, & x<2; \end{cases}$

(8) x^2-2;(9) $\frac{\pi}{6}$;(10) 非奇非偶;(11) 非奇非偶;(12) $\sin x = \frac{1}{\csc x}$;(13) $\frac{\pi}{6}$;(14) <,<;(15) >;(16) $x^2+y^2=2y$;(17) $\rho=\frac{2}{\cos\theta}$;(18) $[1,e)$.

3. (1) 偶,偶;(2) 奇,偶;(3) 非奇非偶;(4) 奇.

4. (1) $y=e^u, u=\arctan x$;(2) $y=u^{\frac{1}{3}}, u=v^2+1, v=1+x$;(3) (a) $y=u^2, u=\sin x$;(b) $y=\sin u, u=x^2$;(4) $y=u^2, u=\sin v, v=3x+1$.

(5) (a) $y=\sqrt[5]{u}, u=\ln v, v=\sin w, w=x^3$;

(b) $y=\sqrt[5]{u}, u=\ln v, v=w^3, w=\sin x$;

(c) $y=\sqrt[5]{u}, u=v^3, v=\ln w, w=\sin x$.

5. $-\sin 2x$.

6. (1)

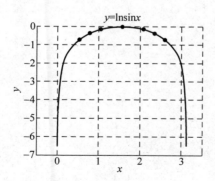

(2)

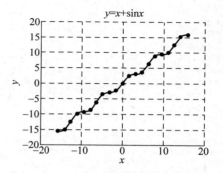

7. (1) A C D;(2) A D;(3) B D;(4) C;(5) B F J.

习题 2-3 高阶导数

知识提要

1. 高阶导数的定义

(1) 二阶导数：一阶导数的一阶导数，$y'' = (y')'$；

(2) n 阶导数：

(a) $n-1$ 阶导数的一阶导数，

$$y^{(n)} = (y^{(n-1)})' \quad \text{或} \quad \frac{d^n y}{dx^n} = \frac{d}{dx}\left(\frac{d^{n-1} y}{dx^{n-1}}\right);$$

(b) y 关于 x 连续求 n 次导数.

2. [了解] 几个简单的 n 阶导数：

$(e^x)^{(n)} = e^x$，$(e^{\lambda x})^{(n)} = \lambda^n e^{\lambda x}$，$(a^x)^{(n)} = a^x \ln^n a$，

$(\sin x)^{(n)} = \sin\left(x + n \cdot \frac{\pi}{2}\right)$，$(\cos x)^{(n)} = \cos\left(x + n \cdot \frac{\pi}{2}\right)$，

$(x^k)^{(n)} = \begin{cases} k(k-1)\cdots(k-n+1)x^{k-n}, & n \leq k, \\ 0, & n > k, \end{cases} \quad k \in \mathbf{N}$，

$(x^\mu)^{(n)} = \mu(\mu-1)\cdots(\mu-n+1)x^{\mu-n}$，$\mu \notin \mathbf{N}$.

3. 高阶导数的运算法则.

(1) [重点] 加减法与数乘：$(u \pm v)^{(n)} = u^{(n)} \pm v^{(n)}$，$(Cu)^{(n)} = Cu^{(n)}$；

(2) [了解] 乘法，莱布尼茨公式①：$(uv)^{(n)} = \sum_{k=0}^{n} C_n^k u^{(n-k)} v^{(k)}$.

基础题

1. 填空题.

(1) 设 $f(x) = (x+1)^6$，则 $f'(x) = $ _____，$f''(x) = $ _____，$f'''(x) = $ _____，$f'''(2) = $ _____；

(2) 设 $y = 2^x + x^2$，$n > 2$，则 $y^{(n)} = $ _____.

2. 选择题.

(1) 设 $y = e^x + e^{-x}$，则 $y^{(n)} = (\quad)$；

A. $e^x + e^{-x}$ B. $e^x - e^{-x}$

C. $e^x + (-1)^n e^{-x}$ D. $e^x + (-1)^{n-1} e^{-x}$

(2) 设 $y = x^n + e^{2x}$，则 $y^{(n)} = (\quad)$.

A. e^{2x} B. $2e^x$

C. $n! + e^{2x}$ D. $n! + 2^n e^{2x}$

3. 求下列函数的二阶导数.

(1) $y = x \ln x$；   (2) $y = \ln \sin x$.

提高题

4. 填空题.

(1) 设 $f(x) = (2x+1)^6$，则 $f'(x) = $ _____，$f''(x) = $ _____，$f'''(x) = $ _____，$f'''(-1) = $ _____；

(2) 设 $y = \ln(x + \sqrt{x^2+1})$，则 $y' = $ _____，$y'' = $ _____ · _____.

---

① 此式与"和的 n 次方"的莱布尼茨公式 $(u+v)^n = \sum_{k=0}^{n} C_n^k u^{n-k} v^k$ 类似，注意区别和联系.

5. 求 $y = e^{-t}\cos t$ 的二阶导数.

6. 设 $f(x)$ 二阶可导, $y = f(\ln x)$, 则 $y'' = (\quad)$.

   A. $\dfrac{1}{x^2}[f''(\ln x) + f'(\ln x)]$ B. $\dfrac{1}{x^2}[f''(\ln x) - f'(\ln x)]$

   C. $\dfrac{1}{x^2}[f'(\ln x) - f''(\ln x)]$ D. $-\dfrac{1}{x^2}f'(\ln x) + \dfrac{1}{x}f''(\ln x)$

7. 设 $f(u)$ 二阶可导, 求 $\dfrac{d^2 y}{dx^2}$.

(1) $y = e^{-f(x)}$;

(2) $y = f(x^2)$;

(3) $y = [f(x)]^2$;

(4) $y = f(\sin^2 x)$.

思考题

8. 设 $y = \sin 2x$, 用两种方法求 $\dfrac{d^n y}{dx^n}$.

(1) 直接求导;

（2）利用结论 $(\sin x)^{(n)} = \sin\left(x + n \cdot \dfrac{\pi}{2}\right)$ 以及复合函数的求导法则推导.

9. 观察下列函数的形式，用最简单的方法求指定的高阶导数.

（1）设 $y = \ln\sqrt{\dfrac{1-x}{1+x^2}}$，求 $\dfrac{d^2 y}{d x^2}$；

（2）设 $y = \dfrac{1}{x^2 - x - 2}$，求 $y^{(n)}$；

（3）设 $y = \dfrac{1}{x(1-x)}$，求 $y^{(n)}$.

习题 2-4 隐函数及由参数方程所确定的函数的导数

知识提要

1. [了解] 两种由方程确定的函数 $y=f(x)$：

(1) 由方程 $F(x,y)=0$ 确定, 称为隐函数；

(2) 由参数方程确定.

2. [重点] 隐函数 $F(x,y)=0$ 的求导步骤：(1) 两边分别关于自变量 x 求导；(2) 整理出 y'.

3. 参数方程 $\begin{cases} x=\varphi(t), \\ y=\psi(t) \end{cases}$ 的求导法则：

(1) [重点] 一阶导数：$\dfrac{\mathrm{d}y}{\mathrm{d}x}=\dfrac{\mathrm{d}y}{\mathrm{d}t}\cdot\dfrac{\mathrm{d}t}{\mathrm{d}x}=\boxed{\dfrac{\frac{\mathrm{d}y}{\mathrm{d}t}}{\frac{\mathrm{d}x}{\mathrm{d}t}}}\text{①}=\dfrac{\psi'}{\varphi'}\xlongequal{\text{def}}\boxed{\dfrac{y'}{x'}}\text{②}$；

(2) [难点] 二阶导数：

常用：$\dfrac{\mathrm{d}^2 y}{\mathrm{d}x^2}=\dfrac{\mathrm{d}}{\mathrm{d}x}(y')=\dfrac{\mathrm{d}y'}{\mathrm{d}t}\cdot\dfrac{\mathrm{d}t}{\mathrm{d}x}=\boxed{\dfrac{\frac{\mathrm{d}y'}{\mathrm{d}t}}{\frac{\mathrm{d}x}{\mathrm{d}t}}}$,

不常用：$\dfrac{\mathrm{d}^2 y}{\mathrm{d}x^2}=\dfrac{\varphi'\psi''-\varphi''\psi'}{\varphi'^3}\boxed{=\dfrac{x'y''-x''y'}{x'^3}}$.

4. [重点] 对数求导法.

(1) 应用于幂指函数 $y=u(x)^{v(x)}$ 和连乘连除函数 $y=\prod\limits_i [f_i(x)]^{\mu_i}$ 的导数；

(2) 步骤：(a) 函数两边取对数, 得到隐函数；(b) 利用隐函数的求导法则.

基础题

1. 设 $y-xe^y=0$, 则 $\dfrac{\mathrm{d}y}{\mathrm{d}x}=$ (   ).

A. $\dfrac{e^y}{xe^y-1}$ B. $\dfrac{e^y}{1-xe^y}$ C. $\dfrac{1-xe^y}{e^y}$ D. $\dfrac{xe^y-1}{e^y}$

2. 设 $\begin{cases} x=e^{4t} \\ y=e^t, \end{cases}$ 则 $\dfrac{\mathrm{d}y}{\mathrm{d}x}\bigg|_{t=0}=$ _____.

3. 求由下列方程确定的隐函数 $y=y(x)$ 的导数 $\dfrac{\mathrm{d}y}{\mathrm{d}x}\bigg|_{x=0}$.

(1) $y=1+xe^y$；

(2) $xy-e^x+e^y=0$.

---

① 前两个等式分别用了复合函数的链式求导法则和反函数的求导法则.

② 最后一个等式仅为记忆使用, 注意 x' 和 y' 表示对参数 t 的导数.

4. 求下列参数方程的导数 $\dfrac{dy}{dx}$.

(1) $\begin{cases} x = 3e^{-t}, \\ y = 3e^{t} + t; \end{cases}$
(2) $\begin{cases} x = t(1-\sin t), \\ y = t\cos t. \end{cases}$

提高题

5. 设 $\sin(xy) - \dfrac{1}{y-x} = 1$，求 $y\big|_{x=0}$，$y'\big|_{x=0}$.

6. 设 $\begin{cases} x = \ln\sqrt{1+t^2}, \\ y = t - \arctan t, \end{cases}$ 求 $\dfrac{dy}{dx}, \dfrac{d^2y}{dx^2}$.

7. 设 $\begin{cases} x = 3e^{-t}, \\ y = 2e^{t}, \end{cases}$ 求 $\dfrac{d^2y}{dx^2}$.

综合题

8. 若 $x^y = y^x$，则 $y' = (\quad)$.

A. $\dfrac{y^2 x^y}{x^2 y^x}$ 　　B. $\dfrac{y^2 - xy\ln y}{x^2 - xy\ln x}$

C. $\dfrac{y(\ln y - 1)}{x(\ln x - 1)}$ 　　D. $\dfrac{x^y \ln x}{y^x \ln y}$

9. 求下列函数的导数.

(1) $y = \left(\dfrac{x}{1+x}\right)^x$;

(2) $y = \sqrt[3]{\dfrac{x(x+1)}{(x+2)^2}}$;

(3) $y=\sqrt{x}\sqrt{1-e^x}\sin x$;

(4) $y=\sqrt{x}(x^2+1)^x$.

10. 设 $\begin{cases} x=3t^2+2t+3, \\ e^y\sin t-y+1=0, \end{cases}$ 求 $\dfrac{dy}{dx}\bigg|_{t=0}$.

11. 曲线 $e^x-2\cos y=1$ 在点 $\left(0,\dfrac{\pi}{2}\right)$ 处的切线方程为_____.

思考题

12. 求下列方程所确定的隐函数的二阶导数 $\dfrac{d^2y}{dx^2}$.

(1) $x^2-y^2=1$;

(2) $y=\tan(x+y)$.

13. 设 $\begin{cases} x=f'(t), \\ y=tf'(t)-f(t), \end{cases}$ $f''(t)$ 存在且不为零，求 $\dfrac{d^2y}{dx^2}$.

习题 2-5　函数的微分

知识提要

1. 可微与微分.

(1) [理解] x_0 处可微的定义可表达为"因变量的增量有 $\Delta y\big|_{x=x_0} = A(x_0)\Delta x + o(\Delta x)$ 的形式",其中 $A(x_0)$ 与 Δx 无关(但可与 x_0 有关);

(2) 微分:$\Delta y\big|_{x=x_0}$ 的线性主部 $\mathrm{d}y\big|_{x=x_0} = A\Delta x = f'(x_0)\Delta x$;

(3) 自变量的微分:令 $y = f(x) = x$,则 $\forall x_0$,有
$$\mathrm{d}x\big|_{x=x_0} = \boxed{\mathrm{d}y\big|_{x=x_0} = f'(x_0)\Delta x} = \Delta x;$$

(4) [重点] 微分公式①:$\mathrm{d}y = \boxed{f'(x)\Delta x} = f'(x)\mathrm{d}x = \dfrac{\mathrm{d}y}{\mathrm{d}x}\mathrm{d}x$;

(5) 可微 ⇔ 可导(对于一元函数).

2. [理解] 微分与差分(即增量,改变量)的关系:

(1) 微分是差分的线性主部,但没有明确的大小关系;

(2) 线性函数 $y = kx + b$ 的微分与差分相同.

3. [重点] 微分的运算法则.

(1) 四则运算:$\mathrm{d}(u \pm v) = \mathrm{d}u \pm \mathrm{d}v$,$\mathrm{d}(uv) = v\mathrm{d}u + u\mathrm{d}v$,
$\mathrm{d}\left(\dfrac{u}{v}\right) = \dfrac{v\mathrm{d}u - u\mathrm{d}v}{v^2}$;

(2) 复合函数的微分:设 $y = f(u)$,$u = g(x)$ 可导,则
$$\mathrm{d}y = \dfrac{\mathrm{d}y}{\mathrm{d}u}\mathrm{d}u = \dfrac{\mathrm{d}y}{\mathrm{d}u}\dfrac{\mathrm{d}u}{\mathrm{d}x}\mathrm{d}x;$$

(3) 微分的形式不变性:微分公式的形式与自变量的选取无关,一致为 $\mathrm{d}y = \dfrac{\mathrm{d}y}{\mathrm{d}\xi}\mathrm{d}\xi$.

4. 求函数微分的两种方法.

(1) 利用微分的四则运算和复合函数的微分;

(2) 先求函数的导数,再利用微分公式.

基础题

1. 填空题.

(1) $\mathrm{d}(ax+b) = $ _____;

(2) $\mathrm{d}(x^2+2x+3) = $ _____;

(3) $\mathrm{d}\left(x^2 - \dfrac{1}{x} + \ln x\right) = $ _____;

(4) $\mathrm{d}(x^2 - \sqrt[3]{x^2} + 2^x - \sin x + 1) = $ _____.

2. 选择题.

(1) 设函数 $y = f(x)$ 在点 x_0 处可导并取得改变量 Δx,则 $f(x)$ 在点 x_0 处的微分是(　　);

A. $f(x_0)\Delta x$　　　　　B. $f'(x_0)\Delta x$

C. $f'(x)\Delta x$　　　　　D. $f(x_0+\Delta x) - f(x_0)$

(2) 设 $f(x)$ 可微,则在点 x 处,$\Delta y - \mathrm{d}y$ 是 Δx 的(　　)无穷小.

A. 高阶　　　　　　B. 等价

C. 低阶　　　　　　D. 同阶但不等价

_____

① 注意:$\mathrm{d}y = \dfrac{\mathrm{d}y}{\mathrm{d}x}\mathrm{d}x$ 的右端不能理解为两个 $\mathrm{d}x$ 约分,因为 $\dfrac{\mathrm{d}y}{\mathrm{d}x}$ 不能理解为 $\mathrm{d}y$ 除以 $\mathrm{d}x$.

提高题

3. 利用微分形式不变性填空.

(1) $\mathrm{d}\cos(ax+b) = $ _____ d _____ $=$ _____ $\mathrm{d}x$;

(2) $\mathrm{d}(\arcsin x^2) = $ _____ d _____ $=$ _____ $\mathrm{d}x$;

(3) $\mathrm{d}\left(\cot\dfrac{1}{x}\right) = $ _____ d _____ $=$ _____ $\mathrm{d}x$;

(4) $\mathrm{d}(\sqrt{1+x^2}) = $ _____ d _____ $=$ _____ $\mathrm{d}x$;

(5) $\mathrm{d}(2^{\sqrt{x}}) = $ _____ d _____ $=$ _____ $\mathrm{d}x$.

4. 设 $f(x)$ 可微, 则 $\mathrm{d}e^{f(x)} = $ ( ).

    A. $f'(x)\mathrm{d}x$ B. $e^{f(x)}\mathrm{d}x$

    C. $f'(x)e^{f(x)}\mathrm{d}x$ D. $f'(x)\mathrm{d}e^{f(x)}$

5. 求下列函数的微分.

(1) $y = \ln\sin x$;

(2) $y = \arctan e^x + \arctan\dfrac{1}{x}$;

(3) $y = x^2\ln(1+x^2) - \dfrac{1}{\sqrt{1-x^2}}$;

(4) $y = \ln\dfrac{x+a}{\sqrt{x^2+b^2}} + \dfrac{\ln x}{x}$.

综合题

6. 求下列函数的微分.

(1) $y = x^{\frac{1}{x}}$;   (2) $y = x^{\sin x}$.

习题 2-P 程序实现

1. 下列 MATLAB 程序段可用于求函数 $y = x^a - e^{2x} + \ln x$ 关于 x 的导数.

```
clear; clc;
syms x a
diff(x^a - exp(2*x) + log(x), x)
```

试编程求 $y = 2^{\sin x} - e^{\alpha x}\cos\beta x + 6\ln x$ 关于 x 和关于 α 的导数[①].

2. 下列 MATLAB 程序段可用于求函数 $y = x^a - e^{2x} + \ln x$ 关于 x 的二阶导数.

```
clear; clc;
syms x a
diff(x^a - exp(2*x) + log(x), x, 2)
```

试编程求 $y = 2^{\sin x} - e^{\alpha x}\cos\beta x + 6\ln x$ 关于 x 的二阶导数和关于 α 的三阶导数.

3. 设方程 $x^2 - y^2 = 0$ 确定了隐函数 $y = f(x)$. 下列 MATLAB 程序段可用于求 $\dfrac{\mathrm{d}y}{\mathrm{d}x}$.

```
clear; clc;
syms x
% 隐函数所对应的方程关于自变量 x 求导
% 注意：方程中，因变量 y 写作自变量 x 的函数形式
eqdiff = diff('x^2 - y(x)^2 = 0', x);
% 为了从上一步的结果得到 y 关于 x 的导数，将导数的符号表达式
diff(y(x), x)替换为变量 dydx
eqdiff = subs(eqdiff,'diff(y(x), x)','dydx');
dydx = solve(eqdiff,'dydx')
pretty(dydx)  % 输出为直观形式
```

试编程求方程 $e^{y-x} - \sin(xy) = 1$ 确定的隐函数 $y = f(x)$ 的导数.

4. 试编程求下列参数方程确定的函数 $y = f(x)$ 的导数 $\dfrac{\mathrm{d}y}{\mathrm{d}x}$.

(1) $\begin{cases} x = \ln\sqrt{1+t^2}, \\ y = t - \arctan t; \end{cases}$ (2) $\begin{cases} x = 3t^2 + 2t + 3, \\ e^y\sin t - y + 1 = 0. \end{cases}$

5. 试编程求 $\begin{cases} x = \ln\sqrt{1+t^2}, \\ y = t - \arctan t \end{cases}$ 确定的函数 $y = f(x)$ 的二阶导数 $\dfrac{\mathrm{d}^2 y}{\mathrm{d}x^2}$.

[①] 希腊字母，如 α, β 等，不能在 MATLAB 的编辑窗口直接输入，可以用其罗马拼音表示，如 alpha, beta 等.

总习题 2

1. 选择题.

(1) $f(x)=|x-2|$ 在点 $x=2$ 处的导数为( );

  A. 1 B. -1 C. 0 D. 不存在

(2) 设 $y=f(x)$ 可微,则 $\lim\limits_{\Delta x \to 0}\dfrac{\Delta y-\mathrm{d}y}{\Delta x}=$( );

  A. 0 B. 1 C. ∞ D. $k(k\neq 1)$

(3) 已知 $f(x)$ 和 $g(x)$ 在 (a,b) 内每一点满足 $f'(x)=g'(x)$,设 C 为常数,则在 (a,b) 内有( );

  A. $f(x)=g(x)$ B. $f(x)=Cg(x)$

  C. $f(x)=g(x)+C$ D. $f(x)=C,g(x)=C$

(4) 若 $f(x)$ 在 x_0 处不连续,则 $f(x)$ 在 x_0 处( );

  A. 必不可导 B. 可能可导

  C. 必可导 D. 必无极限

(5) 设 $f(x)$ 在 x_0 处可导,$\lim\limits_{x\to 0}\dfrac{x}{f(x_0-2x)-f(x_0)}=\dfrac{1}{4}$,则 $f'(x_0)=$( );

  A. 4 B. -4 C. 2 D. -2

(6) 设 $f(x)$ 可导,则 $f(x-2h)-f(x)=$( ).

  A. $f'(x)h+o(h)$ B. $-2f'(x)h+o(h)$

  C. $-f'(x)+o(h)$ D. $2f'(x)+o(h)$

2. 填空题.

(1) 设函数 $f(x)$ 在 $x=1$ 处可导,且 $\lim\limits_{\Delta x \to 0}\dfrac{f(1+2\Delta x)-f(1)}{\Delta x}=\dfrac{1}{2}$,则 $f'(1)=$_____;

(2) 抛物线 $y=x^2+4x+3$ 在点 $(0,3)$ 处的切线方程为_____,法线方程为_____;

(3) 设 $f(x)=\ln(1+x)$,$y=f(f(x))$,则 $\dfrac{\mathrm{d}y}{\mathrm{d}x}=$_____;

(4) 若曲线 $y=f(x)$ 在点 $(x_0,f(x_0))$ 处的切线平行于 $y=-x+1$,则 $f'(x_0)=$_____;

(5) 若当 $\Delta x \to 0$ 时,$f(x_0+\Delta x)-f(x_0)-3\Delta x$ 为 Δx 的高阶无穷小量,则 $f'(x_0)=$_____;

(6) 若 $y=f(x)$ 满足 $f(x)=f(0)+x+\alpha(x)$,且 $\lim\limits_{x\to 0}\dfrac{\alpha(x)}{x}=0$,则 $f'(0)=$_____.

3. 求下列函数的导数.

(1) $y=\mathrm{e}^{\sin(x^2+1)}$,求 y';

(2) $y=\arctan\dfrac{x+1}{x-1}$,求 y';

(3) $y=e^x\sin x$,求 $y'\big|_{x=0}$;

(4) $f(x)=\dfrac{xe^x}{\sqrt{x+1}}$,求 $f'(x)$;

(5) $y=\sin\dfrac{3}{x}+\cos\dfrac{x}{3}$,求 y';

(6) $y^{(n)}=\dfrac{\cos x}{x+2}$,求 $y^{(n+2)}$.

4. 求下列函数的导数或微分.

(1) 设 $y\sin x-\cos(x-y)=0$,求 $\dfrac{dy}{dx}$;

(2) 设 $x^2+y=x^3y+\sin x$,求 $\dfrac{dy}{dx}$;

(3) 设 $\sin(xy)-\ln\dfrac{x+1}{y}=1$,求 $\dfrac{dy}{dx}\bigg|_{x=0}$;

(4) 设 $\begin{cases} x=\ln\cos t, \\ y=\sin t - t\cos t, \end{cases}$ 求 $\dfrac{d^2 y}{dx^2}$;

(5) 设 $y=\ln\dfrac{5x^4}{\sqrt{x^2+1}}$, 求 dy;

(6) 设 $y=5^{2x}+\dfrac{1}{x}$, 求 $y^{(n)}$.

5. 设 $y=f(x+y)$, 其中 f 二阶可导, 且一阶导数不等于 1, 求 $\dfrac{d^2 y}{dx^2}$.

第 3 章　微分中值定理与导数的应用

习题 3-1　中值定理

知识提要

1. 微分中值定理：罗尔定理、拉格朗日中值定理、柯西中值定理.
2. 罗尔(Rolle)定理.
  (1) 若函数 $f(x)$ 满足以下条件：
  (a) 在 $[a,b]$ 上连续；(b) 在 (a,b) 内可导；(c) $f(a)=f(b)$；
  则至少存在一点 $\xi\in(a,b)$，使得 $f'(\xi)=0$；
  (2) 几何意义：对于光滑曲线，若两端点函数值相等，则可在曲线上找到切线水平的点.
3. 拉格朗日(Lagrange)中值定理.
  (1) 若函数 $f(x)$ 满足罗尔定理的条件(a)和(b)，则存在 $\xi\in(a,b)$，使得 $f'(\xi)=\dfrac{f(b)-f(a)}{b-a}$；
  (2) 几何意义：对于光滑曲线，可在曲线上找到切线与两端点连线平行的点①.
  (3) 推论：$f'(x)\equiv 0 \Rightarrow f(x)\equiv C$.
4. 柯西(Cauchy)中值定理.
  若函数 $f(x)$ 及 $g(x)$ 皆满足罗尔定理的条件(a)和(b)，且②

$\forall x\in(a,b), g'(x)\neq 0$，则存在 $\xi\in(a,b)$，使得
$$\dfrac{f'(\xi)}{g'(\xi)}=\dfrac{f(b)-f(a)}{g(b)-g(a)}.$$

5. 掌握罗尔定理和拉格朗日中值定理：
  (1) 条件和结论；
  (2) [**难点**] 用于证明一些等式和不等式.

6. 三者联系：柯西中值定理 $\xrightarrow{g(x)=x}$ 拉格朗日中值定理 $\xrightarrow{f(a)=f(b)}$ 罗尔定理.

基础题

1. 填空题.
  (1) 设函数 $f(x)$ 在 $[a,b]$ 上连续，在 (a,b) 内可导，则至少存在一点 $\xi\in(a,b)$，使得＿＿＿＿＿＿＿＿＿＿＿；
  (2) 函数 $y=\ln(1+x)$ 在 $[0,1]$ 上满足拉格朗日中值定理的 $\xi=$＿＿＿＿＿.

2. 下列函数在给定区间上满足罗尔定理的是(　　).
  A. $f(x)=x^3+x-1$，$[0,1]$
  B. $f(x)=\begin{cases} x, & 0\leqslant x\leqslant 1, \\ 2-x, & 1<x\leqslant 2, \end{cases}$ $[0,2]$
  C. $f(x)=\dfrac{x^2-1}{x-1}$，$[-1,1]$
  D. $f(x)=\sin 2x$，$\left[0,\dfrac{\pi}{2}\right]$

---

① 罗尔定理和拉格朗日中值定理都可理解为"切线与两端点连线平行".
② 作为分母，额外要求 $\forall x\in(a,b), g'(x)\neq 0$.

提高题

3. 证明：对 $f(x)=px^2+qx+r$ 应用拉格朗日中值定理所求得的点 ξ 总位于区间的正中间.

4. 证明恒等式：$\arcsin x+\arccos x=\dfrac{\pi}{2}(-1\leqslant x\leqslant 1)$.

综合题

5. 在 $[-1,1]$ 上，下列 4 个函数中满足罗尔定理条件的有_____个.

$$f_1(x)=\begin{cases}x\sin\dfrac{1}{x}, & x\neq 0,\\ 0, & x=0;\end{cases} \quad f_2(x)=\begin{cases}x^2\cos\dfrac{1}{x}, & x\neq 0,\\ 0, & x=0;\end{cases}$$

$$f_3(x)=\begin{cases}\arctan x, & x\geqslant 0,\\ -\arctan x, & x<0;\end{cases} \quad f_4(x)=\begin{cases}x^3, & x\geqslant 0,\\ -x^3, & x<0.\end{cases}$$

6. 在不求出 $f(x)=(x-1)(x-2)(x-3)(x-4)$ 的导数的前提下，说明方程 $f'(x)=0$ 有几个实根，并指出它们所在的区间.（提示：可用"任意 n 次多项式最多有 n 个实根"以及罗尔定理共同证明.）

7. 利用中值定理证明：当 $x>1$ 时，
(1) $e^x>ex$；

(2) $2\sqrt{x}>3-\dfrac{1}{x}$.

习题 3-2 洛必达法则

知识提要

注：本提要中的"**0**"表示无穷小；本节内容皆须掌握.

1. 洛必达法则的用途：求未定型极限.

2. 七种未定型极限.

(1) 基本类型：$\dfrac{\mathbf{0}}{\mathbf{0}}, \dfrac{\infty}{\infty}$，洛必达法则能够直接应用的形式；

(2) $\mathbf{0}\cdot\infty, \infty-\infty$，可通过倒数或通分转化为基本类型；

(3) 幂指型 $[f(x)]^{g(x)}$：$(1+\mathbf{0})^\infty, \infty^0, \mathbf{0}^0$，可通过 $e^{\ln f^g}$ 转化为 $\mathbf{0}\cdot\infty$ 型，即

$$\lim f^g = \lim e^{g\ln f} = e^{\lim g\ln f}.$$

3. 洛必达（L'Hospital）法则：若极限 $\lim \dfrac{f}{g}$ 为 $\dfrac{\mathbf{0}}{\mathbf{0}}$ 或 $\dfrac{\infty}{\infty}$ 型，且 $\lim \dfrac{f'}{g'}$ 存在（或为 ∞）[①]，则 $\lim \dfrac{f}{g} = \lim \dfrac{f'}{g'}$.

4. 洛必达法则的使用说明：

(1) 可以连续使用，但是分子或分母一旦不再同时为 $\mathbf{0}$ 或 ∞ 时，须立即停止；

(2) 应合理配合其他求极限的方法和技巧，如有理化、$\mathbf{0}\cdot$ 有界函数 $=\mathbf{0}$、（特别）等价无穷小量.

基础题

1. (1) $\lim\limits_{x\to\frac{\pi}{2}}\dfrac{\cos 5x}{\cos 3x}=$ _____； (2) $\lim\limits_{x\to 0}\dfrac{\sin x}{e^x-1+x}$.

2. 利用洛必达法则求下列极限.

(1) $\lim\limits_{x\to\frac{\pi}{2}}\dfrac{\ln\sin x}{(\pi-2x)^2}$； (2) $\lim\limits_{x\to\frac{\pi}{2}^-}\dfrac{\ln\cot x}{\tan x}$；

(3) $\lim\limits_{x\to 0}\dfrac{x-\sin x}{x^3}$； (4) $\lim\limits_{x\to 0}\dfrac{1-\cos x}{e^{\sin x}-\cos x}$.

提高题

3. $\lim\limits_{x\to 0^+}\dfrac{e^{-\frac{1}{x}}}{x}=$ _____.

4. 利用洛必达法则求 $\lim\limits_{x\to+\infty}\left(\dfrac{2}{\pi}\arctan x\right)^x$.

综合题

5. 选择题.

(1) 以下各式中，极限存在但不能应用洛必达法则的是（　　）；

A. $\lim\limits_{x\to 0}\dfrac{\sin x}{x}$ B. $\lim\limits_{x\to+\infty}(1+x)^{\frac{1}{x}}$

C. $\lim\limits_{x\to\infty}\dfrac{x+\sin x}{x}$ D. $\lim\limits_{x\to+\infty}\dfrac{e^{ax}}{x^n}$ $(a>0)$

---

① 此处可认为"极限为 ∞"是极限存在的一种特殊情况.

(2) $\lim\limits_{x\to 0}\dfrac{x^2\sin\dfrac{1}{x}}{\sin x}=($).

A. 0   B. 1
C. ∞ D. 不存在但不是∞

6. 利用洛必达法则，结合其他方法，求下列极限.

(1) $\lim\limits_{x\to 0}\dfrac{1}{x}\left(\dfrac{1}{\sin x}-\dfrac{1}{\tan x}\right)$;

(2) $\lim\limits_{x\to 0}\left[\dfrac{1}{\ln(1+x)}-\dfrac{1}{x}\right]$;

(3) $\lim\limits_{x\to +\infty}\dfrac{\ln\left(1+\dfrac{1}{x}\right)}{\text{arccot}\,x}$ （提示：$\lim\limits_{x\to\infty}\text{arccot}\,x=0$）；

(4) $\lim\limits_{x\to 0}\dfrac{\arctan x-x}{\ln(1+2x^3)}$.

思考题

7. 选用合适的方法求下列极限.

(1) $\lim\limits_{x\to\infty}\left[x-x^2\ln\left(1+\dfrac{1}{x}\right)\right]$;

(2) $\lim\limits_{x\to 0}\left(\dfrac{x}{\sin x}\right)^{\frac{1}{1-\cos x}}$;

(3) $\lim\limits_{x\to 0}\dfrac{(1+x)^{\frac{1}{x}}-e}{\ln(1+x)}$;

(4) $\lim\limits_{x\to 1}\dfrac{x^x-1}{\ln x-x+1}$.

习题 3-3 泰勒公式

知识提要

1. 泰勒(Taylor)中值定理：若 $f(x)$ 在 (a,b) 内具有 0 到 $n+1$ 阶导数，则

$$f(x) = f(x_0) + f'(x_0)(x-x_0) + \cdots$$
$$+ \frac{f^{(n)}(x_0)}{n!}(x-x_0)^n + \frac{f^{(n+1)}(\xi)}{(n+1)!}(x-x_0)^{n+1}$$
$$= \sum_{k=0}^{n} \frac{f^{(k)}(x_0)}{k!}(x-x_0)^k$$
$$+ \frac{f^{(n+1)}(\xi)}{(n+1)!}(x-x_0)^{n+1}, \quad x \in (a,b),$$

其中：

(1) $x_0 \in (a,b), \xi \in (x_0, x)$ 或 (x, x_0)；

(2) $\dfrac{f^{(n+1)}(\xi)}{(n+1)!}(x-x_0)^{n+1}$ 称为拉格朗日余项，记为 $R_n(x)$。

2. $x_0 = 0$ 时，称泰勒公式为麦克劳林(Maclaurin)公式。

3. [了解] 关于泰勒公式的说明：

(1) 是泰勒级数的基础；

(2) 注意要求 $n+1$ 阶可导，而展开式仅对应 $0 \sim n$ 阶，余项需要 $n+1$ 阶；

(3) 利用充分多项的泰勒展开，可方便地求某些极限。

4. 常用麦克劳林公式：

(1) $e^x = 1 + x + \dfrac{1}{2}x^2 + \dfrac{1}{6}x^3 + o(x^3)$；

(2) $\ln(1+x) = x - \dfrac{1}{2}x^2 + \dfrac{1}{3}x^3 + o(x^3)$；

(3) $\sin x = x - \dfrac{1}{3!}x^3 + \dfrac{1}{5!}x^5 + o(x^5)$；

(4) $\cos x = 1 - \dfrac{1}{2!}x^2 + \dfrac{1}{4!}x^4 + o(x^4)$。

基础题

1. 求函数 $f(x) = \tan x$ 的二阶麦克劳林公式。

综合题

2. 利用泰勒展开式，结合其他方法，求下列极限：

(1) $\lim\limits_{x \to 0} \dfrac{\sin x - x\cos x}{\sin^3 x}$； (2) $\lim\limits_{x \to 0} \dfrac{\tan x - \sin x}{x^3}$。

习题 3-4 函数的单调性

知识提要

1. 用一阶导数判定单调性：若 $x\in(a,b)$ 时，$f'(x)\geqslant 0$（或 $f'(x)\leqslant 0$），则①

（1）$f(x)$ 在 (a,b) 内单调增加（或减少）；

（2）称 (a,b) 为 $f(x)$ 的单调增加（或减少）区间.

2. 若曲线 $y=f(x)$ 在 $x_0\in(a,b)$ 处连续，且在 x_0 的左右两侧严格单调性相异，则 x_0 为 $f(x)$ 的极值点.

基础题

1. $y=2x+\dfrac{8}{x}(x>0)$ 的单调增加区间为 _____，单调减少区间为 _____.

提高题

2. 利用严格单调性证明：

（1）当 $x>0$ 时，$1+x\ln(x+\sqrt{1+x^2})>\sqrt{1+x^2}$；

（2）当 $x>1$ 时，$2\sqrt{x}>3-\dfrac{1}{x}$.

综合题

3. 利用严格单调性证明方程 $x^5+x-1=0$ 只有一个正根.（提示：利用零点定理.）

思考题

4. 在 (a,b) 内，若 $f(x)$ 可导，下列说法是否正确？若不正确，试举出反例.

（1）若 $f'(x)>0$，则 $f(x)$ 严格单调增加；

（2）若 $f(x)$ 严格单调增加，则 $f'(x)>0$.

5. 思考如何利用一阶导数求函数的极值点. 并求 $f(x)=2x+\dfrac{8}{x}(x>0)$ 的极值点.

---

① 若等号不可取到，即 $f'(x)$ 恒为正（或负），则单调性为严格单调性. 在用单调性讨论"只有一个实根"或证明某些严格不等式时，须指明严格单调性.

习题 3-5 曲线的凹凸性与拐点

知识提要

1. 用二阶导数判定凹凸性：若 $x\in(a,b)$ 时，$f''(x)>0$（或 $f''(x)<0$），则曲线 $y=f(x)$ 在 (a,b) 内凹（凸）.

2. 若曲线 $y=f(x)$ 在 $x_0\in(a,b)$ 处连续，且在 x_0 的左右两侧凹凸性相异，则 $(x_0,f(x_0))$ 为 $y=f(x)$ 的拐点.

基础题

1. 曲线 $y=x^3$ 的凹区间是_____，凸区间是_____，拐点_____.

2. 曲线 $y=\dfrac{1}{x}$ 的凹区间是_____，凸区间是_____，拐点_____.

3. 设 $f'(x)=(x-1)(2x+1)$，$x\in(-\infty,+\infty)$，则 $f(x)$ 在 $\left(\dfrac{1}{2},1\right)$ 内（   ）.

  A. 单调增加、凹   B. 单调减少、凹
  C. 单调增加、凸   D. 单调减少、凸

提高题

4. 曲线 $y=\arctan x-x$ 的凹区间是_____，凸区间是_____，拐点是_____.

5. 曲线 $y=1-e^{-x^2}$ 的凹区间是_____，凸区间是_____，拐点是_____.

6. $(0,1)$ 是曲线 $y=ax^3+bx^2+c$ 的拐点，则必有（   ）.
  A. $a=1,b=-3,c=1$ B. $a\neq 0,b=0,c=1$
  C. $a=1,b=0,c$ 任取   D. $c=1,a,b$ 任取

习题 3-6 曲线的渐近性及作图

知识提要

1. 用极限确定曲线的水平渐近线和铅直渐近线.

（1）若 $\lim\limits_{x\to+\infty}f(x)=A$ 且在 $+\infty$ 的某个邻域（即 $(a,+\infty)$）内恒有 $f(x)>A$ 或 $f(x)<A$，则称曲线 $y=f(x)$ 有水平渐近线 $y=A$；$\lim\limits_{x\to-\infty}f(x)=A$ 的情况类似；

（2）若 $\lim\limits_{x\to x_0^+}f(x)=\infty$ 或 $\lim\limits_{x\to x_0^-}f(x)=\infty$，则称 $x=x_0$ 为 $y=f(x)$ 的铅直渐近线①.

2. 作曲线示意图的步骤：

（1）求出单调性、凹凸性可能发生变化的点，以及渐近线所对应的点（坐标）；

（2）利用这些点将定义域分成若干子区间；

（3）分析各个子区间上的单调性、凹凸性、渐近性；

（4）结合上述点处的函数值（或极限）作图.

基础题

1. 填空题.

（1）曲线 $y=\dfrac{1}{x-1}+2$ 的渐近线是_____；

（2）曲线 $y=1-e^{-x^2}$ 的渐近线是_____；

---

① 也可按照水平渐近线的方式反向理解：对于 $y=f(x)$，若 $y\to+\infty$ 或 $y\to-\infty$ 时，$x\to x_0^+$ 或 $x\to x_0^-$，则 $x=x_0$ 为铅直渐近线.

(3) 曲线 $y=\dfrac{1}{x}$ 有 _____ 条渐近线.

综合题

2. 作出下列函数的图像.

(1) $y=x^3-x^2-x+1$；

(2) $y=\dfrac{4(x+1)}{x^2}-2$.

思考题

3. 以 $x\to+\infty$ 的情形为例，水平渐近线的定义中，$\lim\limits_{x\to+\infty}f(x)=A$ 的另外一种描述方式为 $\lim\limits_{x\to+\infty}(f(x)-A)=0$，即表示：$x\to+\infty$ 时，$y=f(x)$ 无限趋近于 $y=A$.

类似地可定义斜渐近线为：$x\to+\infty$ 时，$y=f(x)$ 无限趋近于 $y=kx+b$，即

若 $\lim\limits_{x\to+\infty}[f(x)-(kx+b)]=0$ 且在某个 $(a,+\infty)$ 内恒有 $f(x)>kx+b$ 或 $f(x)<kx+b$，则称曲线 $y=f(x)$ 有斜渐近线 $y=kx+b$.

$\lim\limits_{x\to-\infty}[f(x)-(kx+b)]=0$ 的情况类似.

现思考如下两个问题：

(1) 如何确定函数的斜渐近线，即如何求出参数 k 和 b？

(2) 求 $x^2-\dfrac{y^2}{4}=1$ 的渐近线.

习题 3-7　函数的极值和最值

知识提要

1. 函数的极值和最值.

步骤	极值		最值
	第一判别法	第二判别法	一般情况
1	求极值可疑点($f'(x)=0$ 及不存在的点)$\{x_i\}$		
2	利用$\{x_i\}$分区间讨论各子区间单调性	讨论 $f''(x_i)$ 的符号即 x_i 处的凹凸性①	计算边界点处的函数值 $f(a),f(b)$
3	若 x_i 处单调性变化则为极值点	凹($f''(x_i)>0$)则极小 凸($f''(x_i)<0$)则极大	比较 $f(x_i)$ 及 $f(a),f(b)$

2. 实际问题的最值.

若某实际问题的目标函数在考虑的区间内有唯一的极大(小)值点,则该点必为该区间上的唯一最大(小)值点.

基础题

1. 若 $y=f(x)$ 在 $x=x_0$ 处取得极大值,则必有(　　).

　A. $f'(x_0)=0$ 　　　　B. $f''(x_0)<0$

　C. $f'(x_0)=0, f''(x_0)<0$ 　　D. $f'(x_0)=0$ 或不存在

2. 填空题.

(1) $y=x2^x$ 取得极小值的点为 $x=$ _____ ;

(2) 设 $f'(x_0)$ 存在,$f(x_0)$ 是函数的极值,则必有 $f'(x_0)=$ _____ ;

(3) 设 $f''(x_0)$ 存在,且 $f'(x_0)=0, f''(x_0)\neq 0$,则当 $f''(x_0)$ _____ 时,$f(x_0)$ 为极大值.

3. 求下列函数的极值.

(1) $y=x^2-2x+3$;

(2) $y=3-2(x+1)^{\frac{1}{3}}$.

提高题

4. 填空题.

(1) 若函数 $f(x)=a\sin x+\dfrac{1}{3}\sin 3x$ 在 $x=\dfrac{\pi}{3}$ 处取得极值,则 $a=$ _____ ;

(2) $y=x+\sqrt{1-x}$ 在 $[-3,1]$ 上的最大值是 _____ ,最小值是 _____ .

5. 若 $f(-x)=f(x)(-\infty<x<+\infty)$ 在 $(-\infty,0)$ 内 $f'(x)>0$ 且 $f''(x)<0$,则在 $(0,+\infty)$ 内有(　　).

_____

---

① 此判别法仅对 $f'(x_i)=0$ 的情况有效.

A. $f'(x)>0, f''(x)<0$ B. $f'(x)>0, f''(x)>0$
C. $f'(x)<0, f''(x)<0$ D. $f'(x)<0, f''(x)>0$

6. 求下列函数的极值.

(1) $y=x-\ln(1+x)$;   (2) $y=x+\sqrt{1-x}$.

7. 确定 a,b,c,d, 使 $f(x)=ax^3+bx^2+cx+d$ 在 $x=0$ 处有极大值 1, 在 $x=2$ 处有极小值 0.

思考题

8. 设 $\lim\limits_{x\to a}\dfrac{f(x)-f(a)}{(x-a)^2}=-1$, 则在 $x=a$ 处( ).

A. $f(x)$ 存在, 且 $f'(a)\neq 0$ B. $f(x)$ 取得极大值
C. $f(x)$ 取得极小值   D. $f(x)$ 的导数不存在

9. 注意如下两条信息：

(a) 一阶导数判断单调性, 二阶导数判断凹凸性；

(b) 极值的第二判别法中所述："若 $f'(x_0)=0, f''(x_0)\neq 0$, 则 x_0 为 $f(x)$ 的极值点".

思考如下两个问题：

(1) 猜测拐点的"第二"判别法："若 $f''(x_0)\cdots,\cdots\cdots$, 则$\cdots\cdots$"；

(2) 上述猜测是否正确？试证明之.

习题 3-8 曲率

知识提要

1. 弧(长)微分 $ds=\sqrt{1+(y')^2}\,dx$；$\dfrac{dx}{ds}=\cos\alpha,\dfrac{dy}{ds}=\sin\alpha$.

2. 曲率：曲线的弯曲程度；$\kappa=\dfrac{|y''|}{(1+y'^2)^{\frac{3}{2}}}$.

3. 曲率圆

(1) 设曲线在 $x=x_0$ 处的曲率为 κ，则称在该点处满足如下三点的圆为曲率圆：(a)与曲线有公切线；(b)与曲线凹向一致；(c)曲率为 κ；

(2) 曲率半径：曲率圆的半径 $R=\dfrac{1}{\kappa}$；

(3) 曲率中心：曲率圆的圆心.

基础题

1. 求曲线 $y=\arctan x$ 的弧微分.

2. 求曲线 $y=\ln x$ 上任意点 (x,y) 处的曲率.

3. 抛物线 $y=x^2-4x+3$ 在顶点处的曲率半径为( ).

　A. 2　　B. 1　　C. $\dfrac{1}{2}$　　D. $\sqrt{2}$

提高题

4. 曲线 $y=\ln(x+\sqrt{1+x^2})$ 在点 $(\sqrt{3},\ln(\sqrt{3}+2))$ 处的曲率是( ).

　A. $5\sqrt{\dfrac{5}{3}}$　　B. $\dfrac{\sqrt{3}}{8}$　　C. $\dfrac{8}{\sqrt{3}}$　　D. $\dfrac{1}{5}\sqrt{\dfrac{3}{5}}$

5. 求曲线 $y=\ln(1-x^2)$ 的弧微分.

综合题

6. 求曲线 $y=x^2-2x$ 的最小曲率半径.

总习题 3

1. 选择题

(1) 设 $f(x)=(x-x_1)(x-x_2)(x-x_3)(x_1\neq x_2\neq x_3)$，则方程 $f'(x)=0$ 有（　　）个实根；

  A. 0   B. 1   C. 2   D. 3

(2) $f(x)$ 在 x_0 处有二阶导数且取极大值，则（　　）；

  A. $f''(x_0)>0$ B. $f''(x_0)<0$

  C. $f''(x_0)=0$ D. 不一定

(3) 曲线 $y=e^{-x^2}$ 有（　　）个拐点；

  A. 0   B. 1   C. 2   D. 3

(4) 曲线 $y=\dfrac{e^x}{x-1}$（　　）.

  A. 仅有水平渐近线

  B. 仅有铅直渐近线

  C. 既有水平渐近线又有铅直渐近线

  D. 既没有水平渐近线又没有铅直渐近线

(5) 下列极限的求解能使用洛比达法则的是（　　）.

  A. $\lim\limits_{x\to 0}\dfrac{x^2\sin\frac{1}{x}}{\sin x}$ B. $\lim\limits_{x\to +\infty}x\left(\dfrac{\pi}{2}-\arctan x\right)$

  C. $\lim\limits_{x\to\infty}\dfrac{x-\sin x}{x+\sin x}$ D. $\lim\limits_{x\to +\infty}\dfrac{e^x+e^{-x}}{e^x-e^{-x}}$

2. 填空题.

(1) $\lim\limits_{x\to 0}\left(x\cdot\arctan\dfrac{1}{x}+\dfrac{1}{x}\cdot\arctan x\right)=$ _____；

(2) 设 $f(x)=\sin x\left(0\leqslant x\leqslant\dfrac{\pi}{2}\right)$，则使拉格朗日定理成立的 $\xi=$ _____；

(3) 设 $y=f(x)$ 在 x_0 处可导且取极小值，则曲线 $y=f(x)$ 在 $(x_0,f(x_0))$ 处的切线方程为 _____；

(4) $f(x)=\dfrac{1}{3}x^3-3x^2+9x$ 在 $[0,4]$ 上的最大值点 $x=$ _____；

(5) $y=\dfrac{\ln x}{x}$ 的单调区间为 _____.

3. 求极限.

(1) $\lim\limits_{x\to\infty}x(e^{\frac{1}{x}}-1)$；   (2) $\lim\limits_{x\to\frac{\pi}{4}}\dfrac{\tan x-1}{\sin 4x}$；

(3) $\lim\limits_{x\to +\infty}\dfrac{xe^x}{x+e^x}$；   (4) $\lim\limits_{x\to 1}\left(\dfrac{x}{x-1}-\dfrac{1}{\ln x}\right)$；

(5) $\lim\limits_{x\to 0}\left(\dfrac{\sin x}{x}\right)^{\frac{1}{x^2}}$.

4. 求 $y=xe^x$ 的极值点及图形的凹凸区间、拐点、渐近线.

5. 证明题.

(1) $f(x)$ 在 $[0,1]$ 上具有二阶导数且 $f(1)=0$, $F(x)=x^{\frac{3}{2}}f(x)$. 试证：在 $(0,1)$ 内至少存在一点 ξ, 使得 $F''(\xi)=0$；

(2) 证明：当 $x>0$ 时, $x>\arctan x$.

6. 试问 a 为何值时, 函数 $f(x)=a\sin x+\dfrac{1}{3}\sin 3x$ 在 $x=\dfrac{\pi}{3}$ 处具有极值？它是极大值还是极小值, 并求极值.

第 4 章　不定积分

习题 4-1　不定积分的概念与性质

知识提要

1. 原函数：若 $F'(x)=f(x)$，则 $F(x)$ 称为 $f(x)$ 的一个原函数.

2. 不定积分.

(1) $f(x)$ 的原函数全体，称为 $f(x)$ 的不定积分，记为 $\int f(x)\mathrm{d}x$；

(2) 设 $F(x)$ 为 $f(x)$ 的一个原函数，则 $\int f(x)\mathrm{d}x = F(x)+C$；

(3) 求 $f(x)$ 的不定积分的思路：反向思考，即"哪个函数的导数为 $f(x)$".

3. 不定积分与微分的关系：微积分互为逆运算，微积分号可抵消（注意任意常数 C）.

$\int \mathrm{d}F(x) = \int \mathrm{d}(F(x)+C) = F(x)+C,\qquad \mathrm{d}\int f(x)\mathrm{d}x = f(x)\mathrm{d}x,$

$\int F'(x)\mathrm{d}x = \int (F(x)+C)'\mathrm{d}x = F(x)+C,\qquad \dfrac{\mathrm{d}}{\mathrm{d}x}\int f(x)\mathrm{d}x = f(x).$

4. [重点] 基本积分表.

(1) 结合基本导数表背，如 $(\tan x)' = \sec^2 x$ 对应 $\int \sec^2 x\mathrm{d}x = \tan x + C$；

(2) 形式不同的几个如下：

$(x^\mu)' = \mu x^{\mu-1}$	$(\ln x)' = \dfrac{1}{x}$	$(a^x)' = a^x \ln a$
$\int x^\mu \mathrm{d}x = \dfrac{x^{\mu+1}}{\mu+1}+C\,(\mu \neq -1)$	$\int \dfrac{1}{x}\mathrm{d}x = \ln\lvert x \rvert + C$	$\int a^x \mathrm{d}x = \dfrac{a^x}{\ln a}+C$

5. 不定积分的性质：线性性质.

(1)（加法）$\int [f(x)+g(x)]\mathrm{d}x = \int f(x)\mathrm{d}x + \int g(x)\mathrm{d}x$；

(2)（数乘）$\int \mu f(x)\mathrm{d}x = \mu \int f(x)\mathrm{d}x\ (\mu \neq 0)$.

基础题

1. 填空题.

(1) (　　　　)' = 16；

(2) (　　　　)' = $\dfrac{1}{\sqrt{1-x^2}}$；

(3) d(　　　　) = $\sin x\mathrm{d}x$；

(4) $\dfrac{\mathrm{d}}{\mathrm{d}x}\int \sin x^2 \mathrm{d}x = $ _____；

(5) $\int f(x)\mathrm{d}x = 2\sin\dfrac{x}{2}+C$，则 $f(x) = $ _____.

2. 利用基本积分表,计算下列积分.

(1) $\int \left(\dfrac{1}{x} + 3e^x + \sec^2 x\right) dx$;　　(2) $\int \left(\dfrac{a}{x} + \dfrac{a^2}{x^2} + \dfrac{a^3}{x^3}\right) dx$;

(3) $\int x(\sqrt{x} - 1) dx$;　　(4) $\int \dfrac{1 + x + x^2}{x(1 + x^2)} dx$;

(5) $\int \dfrac{dx}{x^2(1 + x^2)}$;　　(6) $\int \dfrac{2^{x+1} - 5^{x-1}}{10^x} dx$;

(7) $\int \dfrac{x^4}{1 + x^2} dx$.

提高题

3. 若 $f(x)$ 的一个原函数是 $\sin x$,则 $\int f'(x) dx = $ _____.

4. 计算下列积分.

(1) $\int (2\tan x + 3\cot x)^2 dx$;　　(2) $\int \cos^2 \dfrac{x}{2} dx$;

(3) $\int \dfrac{\cos 2x}{\cos x - \sin x} dx$;　　(4) $\int \dfrac{3x^4 + 2x^2}{x^2 + 1} dx$.

综合题

5. 一曲线通过点$(e^2,3)$,且任一点处的切线斜率等于该点横坐标的倒数,求该曲线方程.

6. 函数$y=f(x)$的导函数$y=f'(x)$的图像是一条二次抛物线,开口向上且与x轴交于$x=0$和$x=2$. 若$f(x)$的极大值为4,极小值为0,求$f(x)$.

思考题

7. 已知$f'(x)=\begin{cases}x^2, & x\leqslant 0,\\ \sin x, & x>0,\end{cases}$且$f(0)=0$,求$f(x)$.

习题 4-2 换元积分法

知识提要

1. [**重点**] 第一类换元积分法(凑微分).

(1) 凑微分公式:$\int f[\varphi(x)]\varphi'(x)\mathrm{d}x = \int f[\varphi(x)]\mathrm{d}\varphi(x)$;

(2) 目的:将复合函数的积分(逐次)凑成基本初等函数的积分;

(3) 思维方式:凑微分的过程即求原函数,即$\omega(x)\mathrm{d}x = \mathrm{d}\left[\int\omega(x)\mathrm{d}x\right]$;

(4) 换元积分公式:由积分公式$\int f(x)\mathrm{d}x = F(x)+C$,得换元积分公式$\int f(u)\mathrm{d}u = F(u)+C$,其中$u=u(x)$是某个函数,例如:

由$\int e^x\mathrm{d}x = e^x+C$,得$\int e^{\sin x}\mathrm{d}(\sin x)=e^{\sin x}+C$,

由$\int\sin x\mathrm{d}x = -\cos x+C$,得

$\int\sin(2x-x^2)\mathrm{d}(2x-x^2) = -\cos(2x-x^2)+C$;

(5) 常用凑微分的方法:

(a) $\int f(ax+b)\mathrm{d}x = \frac{1}{a}\int f(ax+b)\mathrm{d}(ax+b)$;

(b) $\int f(x^n)x^{n-1}\mathrm{d}x = \frac{1}{n}\int f(x^n)\mathrm{d}(x^n)$,

$$\int \frac{f(x^n)}{x}\mathrm{d}x = \frac{1}{n}\int \frac{f(x^n)}{x^n}\mathrm{d}(x^n);$$

(c) $\int f(\sin x)\cos x\mathrm{d}x = \int f(\sin x)\mathrm{d}(\sin x),$

$\int f(\cos x)\sin x\mathrm{d}x = -\int f(\cos x)\mathrm{d}(\cos x);$

(d) $\int f(\tan x)\sec^2 x\mathrm{d}x = \int f(\tan x)\mathrm{d}(\tan x),$

$\int f(\cot x)\csc^2 x\mathrm{d}x = -\int f(\cot x)\mathrm{d}(\cot x);$

(e) $\int f(\mathrm{e}^x)\mathrm{e}^x\mathrm{d}x = \int f(\mathrm{e}^x)\mathrm{d}\mathrm{e}^x, \int \frac{f(\ln x)}{x}\mathrm{d}x = \int f(\ln x)\mathrm{d}(\ln x).$

2. [重点] 第二类换元积分法（变量代换）.

(1) $\int f(x)\mathrm{d}x = \int f[\varphi(t)]\mathrm{d}\varphi(t) = \int f[\varphi(t)]\varphi'(t)\mathrm{d}t \Big|_{t=\varphi^{-1}(x)};$

(2) 目的：消除被积函数中的根号、分母上的多项式等；

(3) 常用代换方法：

(a) 三角代换：遇到 $(a^2-x^2)^{\frac{k}{2}}$ 时，设 $x=a\sin t$；遇到 $(a^2+x^2)^{\frac{k}{2}}$ 时，设 $x=a\tan t$；遇到 $(x^2-a^2)^{\frac{k}{2}}$ 时，设 $x=a\sec t$；

(b) 无理代换：$t=\sqrt[n]{ax+b}$, $t=\sqrt[n]{\frac{ax+b}{cx+d}}$；

(c) 倒数代换：$t=\frac{1}{x}.$

3. [理解] 两类换元积分法的关系.

(1) 过程互逆；

(2) 计算积分时，先考虑用第一类换元积分法，再考虑第二类换元积分法.

基础题

1. 填空题.

(1) $\cos 3x\mathrm{d}x = $ _____ $\mathrm{d}\sin 3x,$

$\int \sin^2 3x\cos 3x\mathrm{d}x = $ _____ $=$ _____；

$\sin 3x\mathrm{d}x = $ _____ $\mathrm{d}\cos 3x,$

$\int \cos^2 3x\sin 3x\mathrm{d}x = $ _____ $=$ _____；

(2) $x\mathrm{d}x = $ _____ $\mathrm{d}(x^2+1),$

$\int \frac{x}{(x^2+1)^2}\mathrm{d}x = $ _____ $=$ _____.

2. 计算题（第一类换元积分法）.

(1) $\int (3x-2)^{50}\mathrm{d}x;$ （2） $\int a^{mx+n}\mathrm{d}x(m\neq 0);$

(3) $\int \mathrm{e}^{2x-3}\mathrm{d}x;$ （4） $\int \cos(3x-5)\mathrm{d}x;$

(5) $\int \dfrac{\mathrm{d}x}{\sqrt{2-x}}$;

(6) $\int \dfrac{\sqrt{\ln x}}{x}\mathrm{d}x$;

3. 计算题（第二类换元积分法）.

(1) $\int \dfrac{x}{\sqrt{x-2}}\mathrm{d}x$;

(7) $\int x\mathrm{e}^{x^2}\mathrm{d}x$;

(8) $\int \mathrm{e}^x \sin \mathrm{e}^x \mathrm{d}x$;

(2) $\int \dfrac{\mathrm{d}x}{1+\sqrt{3x}}$;

(9) $\int \dfrac{(\arctan x)^2}{1+x^2}\mathrm{d}x$;

(10) $\int 2x\sqrt{1+x^2}\mathrm{d}x$.

(3) $\int \dfrac{\mathrm{d}x}{\sqrt{(a^2-x^2)^3}}$.

提高题

4. 填空题.

(1) $xe^{-\frac{x^2}{2}}dx = $ _____ $d(e^{-\frac{x^2}{2}}+1)$, $\int(e^{-\frac{x^2}{2}}+1)xe^{-\frac{x^2}{2}}dx = $ _____;

(2) 已知 $\int f(x)dx = \dfrac{x}{1-x^2} + C$, 则 $\int \sin x f(\cos x)dx = $ _____;

(3) 设 $f(x) = e^{-x}$, 则 $\int \dfrac{f'(\ln x)}{x}dx = $ _____;

(4) 已知 $\int f(x)dx = x^2 + C$, 则 $\int \dfrac{1}{x^2}f\left(\dfrac{2}{x}\right)dx = $ _____.

5. 计算题（第一类换元积分法）.

(1) $\int \dfrac{2x+5}{x^2+2x-3}dx$;

(2) $\int \cos^4 x\, dx$;

(3) $\int \dfrac{dx}{x\ln x \ln(\ln x)}$;

(4) $\int \dfrac{x}{x-\sqrt{x^2-1}}dx$;

(5) $\int \dfrac{1+\ln x}{(x\ln x)^3}dx$;

(6) $\int \dfrac{\arcsin\sqrt{x}}{\sqrt{x(1-x)}}dx$.

6. 计算题（第二类换元积分法）.

(1) $\int \dfrac{\mathrm{d}x}{\sqrt{x}+\sqrt[3]{x}}$;

(2) $\int \dfrac{\mathrm{d}x}{\sqrt{\mathrm{e}^x+1}}$;

(3) $\int \dfrac{\mathrm{d}x}{x^2\sqrt{x^2-4}}$;

(4) $\int \dfrac{\mathrm{d}x}{\sqrt{(x^2-2x+5)^3}}$.

综合题

7. $\int \dfrac{\mathrm{d}x}{x^3\sqrt{x^2-1}}$.

8. $\int 2\mathrm{e}^x\sqrt{1-\mathrm{e}^{2x}}\,\mathrm{d}x$.

思考题

9. 计算题（第一类换元积分法）.

(1) $\int \dfrac{x^4+1}{x^6+1}\mathrm{d}x$;

(2) $\int \dfrac{\mathrm{d}x}{\mathrm{e}^x + \mathrm{e}^{2x}}$;

(3) $\int \dfrac{\tan x}{a^2 \sin^2 x + b^2 \cos^2 x}\mathrm{d}x$;

(4) $\int \dfrac{1 + \tan x}{\sin 2x}\mathrm{d}x$.

10. 计算题(第二类换元积分法).

(1) $\int \dfrac{1 - \ln x}{(x - \ln x)^2}\mathrm{d}x$;

(2) $\int \dfrac{\sqrt{1 + \ln x}}{x \ln x}\mathrm{d}x$.

习题 4-3 分部积分法

知识提要

1. 适用于：被积函数为两个不同类型函数的乘积.
2. [**重点**] 公式：

$$\int uv' \mathrm{d}x \stackrel{凑}{=} \boxed{\int u \mathrm{d}v \stackrel{核心}{=} uv - \int v \mathrm{d}u} \stackrel{微分}{=} uv - \int u'v \mathrm{d}x.$$

（1）凑微分过程：

（a）五字原则："反对幂指三"，将排名靠后的函数凑到微分号中；

（b）[**理解**] 本质：将被积函数中易积分的函数凑微分；不易积分的函数留在被积函数中，通过核心公式中的交换过程，变成求导；

（2）核心公式：两部分相乘减去两部分交换；

（3）当 $u(x) \neq x$ 时，需用微分公式；

（4）注意：使用核心公式后不可直接继续使用核心公式，至少经过凑微分、使用微分公式、直接积分三者之一后方可继续使用.

3. [**难点**] "指三型"积分 $\int e^{\alpha x} \cos\beta x \, \mathrm{d}x$，$\int e^{\alpha x} \sin\beta x \, \mathrm{d}x$ 等.

基础题

1. 填空题.

（1）$\int x \sec^2 x \, \mathrm{d}x = \int x \mathrm{d}\underline{\quad\quad} = \underline{\quad\quad\quad\quad}$（写一步）；

（2）$\int \dfrac{\ln(\ln x)}{x} \mathrm{d}x = \int \ln(\ln x) \mathrm{d}\underline{\quad\quad} = \underline{\quad\quad\quad\quad}$（写一步）.

2. 计算下列积分.

（1）$\int x \mathrm{e}^x \mathrm{d}x$；

（2）$\int \sqrt{x} \ln x \, \mathrm{d}x$；

（3）$\int \dfrac{\ln x}{x^2} \mathrm{d}x$；

（4）$\int \dfrac{x \cos x - \sin x}{x^2} \mathrm{d}x$.

提高题

3. 填空题.

（1）设 $f''(x)$ 连续，则 $\int x f''(x) \mathrm{d}x = \underline{\quad\quad\quad\quad\quad\quad}$；

（2）已知 $\dfrac{\sin x}{x}$ 是 $f(x)$ 的原函数，则 $\int x f'(x) \mathrm{d}x = \underline{\quad\quad\quad\quad\quad\quad}$.

4. 已知 $f(x)$ 的一个原函数为 $\ln(x+\sqrt{1+x^2})$，求 $\int xf'(x)dx$.

5. 计算下列积分.

(1) $\int x^2 e^x dx$；

(2) $\int e^x \sin x dx$.

7. 利用分部积分法，结合换元积分法，计算下列积分.

(1) $\int x^2 \cos^2 x dx$；

(2) $\int \sec^3 x dx$；

(3) $\int \operatorname{arccot} x dx$；

(4) $\int e^{\sqrt{x}} dx$；

综合题

6. $\int x e^{-2x} dx = \underline{\qquad} \int x e^{-2x} d(-2x) = \underline{\qquad} \int x d e^{-2x} = \underline{\qquad\qquad\qquad\qquad}$ (写一步).

(5) $\int e^x \arctan e^x \, dx$;

(6) $\int \sin x \ln \tan x \, dx$;

(7) $\int \dfrac{\ln(1+e^x)}{e^x} dx$;

(8) $\int x^3 e^{-x^2} dx$;

(9) $\int \cos(\ln x) dx$.

思考题

8. 设 $\int f(x) dx = F(x) + C$，$f(x)$ 可微，且 $f(x)$ 的反函数 $f^{-1}(x)$ 存在，证明：$\int f^{-1}(x) dx = x f^{-1}(x) - F[f^{-1}(x)] + C$.

9. $\int \dfrac{x^2 e^x}{(x+2)^2} dx$.

10. $\int \left(1 + x - \dfrac{1}{x}\right) e^{x+\frac{1}{x}} dx$.

习题 4-4 有理函数的积分

知识提要

1. [了解] 任意有理分式可分解为下列几种函数的线性组合：

$$P_n(x),\quad \frac{P_n(x)}{(x+a)^k},\quad \frac{x+c}{(x^2+2ax+b)^k}\quad (\text{其中 } b>a^2).$$

2. 三种情况的处理方式：

(1) 多项式 $P_n(x)$：直接积分即可；

(2) $\dfrac{P_n(x)}{(x+a)^k} = \dfrac{P_n(t-a)}{t^k} =: \sum_{i=0}^{n}\dfrac{\alpha_i t^i}{t^k} = \sum_{i=0}^{n}\alpha_i t^{i-k}$，此为幂函数的组合，直接积分即可；

(3) $\dfrac{x+c}{(x^2+2ax+b)^k} = \dfrac{x+a}{(x^2+2ax+b)^k} + \dfrac{c-a}{(x^2+2ax+b)^k} = \dfrac{x+a}{(x^2+2ax+b)^k} + \dfrac{c-a}{[(x+a)^2+b-a^2]^k}$；第一项，将 $x+a$ 凑微分；第二项，设 $x+a=\sqrt{b-a^2}\tan t$，用第二类换元积分法.

3. 可化为有理函数积分的形式：

(1) $\int R(\sin x,\cos x)\mathrm{d}x$：令 $u=\tan\dfrac{x}{2}$，利用万能公式 $\sin x = \dfrac{2u}{1+u^2}$，$\cos x = \dfrac{1-u^2}{1+u^2}$；

(2) $\int R(\sin^2 x,\cos^2 x,\sin x\cos x)\mathrm{d}x$：令 $u=\tan x$；

(3) $\int R(x,\sqrt[n]{ax+b})\mathrm{d}x$：令 $t=\sqrt[n]{ax+b}$；

(4) $\int R\left(x,\sqrt[n]{\dfrac{ax+b}{cx+d}}\right)\mathrm{d}x$：令 $t=\sqrt[n]{\dfrac{ax+b}{cx+d}}$；

(5) $\int R(\mathrm{e}^x)\mathrm{d}x$：令 $t=\mathrm{e}^x$.

基础题

1. $\displaystyle\int \dfrac{x^3}{x+3}\mathrm{d}x$.

2. $\displaystyle\int \dfrac{x}{(x+1)(2x+1)}\mathrm{d}x$.

3. $\displaystyle\int \dfrac{2x+3}{x^2+3x-10}\mathrm{d}x$.

提高题

4. $\displaystyle\int \dfrac{2}{(x+1)(x+2)(x+3)}\mathrm{d}x$.

5. $\int \dfrac{\mathrm{d}x}{x(x^2+1)}$.

6. $\int \dfrac{x+1}{x^2-2x+5}\mathrm{d}x$.

7. $\int \dfrac{3}{x^3+1}\mathrm{d}x$.

8. $\int \dfrac{2(x^2+1)}{(x+1)^2(x-1)}\mathrm{d}x$.

综合题

9. $\int \sqrt{\dfrac{1-x}{1+x}}\mathrm{d}x$.

10. $\int \dfrac{\mathrm{d}x}{\mathrm{e}^{\frac{x}{2}}+\mathrm{e}^x}$.

11. $\int \dfrac{\mathrm{d}x}{3+\sin^2 x}$.

12. $\int \dfrac{\mathrm{d}x}{2+\sin x}$.

13. $\int \dfrac{1+\sin x}{1-\cos x}\mathrm{d}x$.

习题 4-P 程序实现

1. 下列 MATLAB 程序段可用于求 $\int\left(\dfrac{a}{x}+\mathrm{e}^x-\sec^2 x\right)\mathrm{d}x$. 注意该结果中没有任意常数 C.

```
clear; clc;
syms x a
int(a/x + exp(x) - (tan(x)^2 + 1),x)
```

试编程求 $\int\left(\dfrac{1}{x^2}+\sin x+\csc^2 x\right)\mathrm{d}x$.

2. 试编程求下列积分.

(1) $\int x\mathrm{e}^{x^2}\mathrm{d}x$；

(2) $\int\dfrac{(\arctan x)^2}{1+x^2}\mathrm{d}x$ ($\arctan x$ 在 MATLAB 中表达为 atan(x))；

(3) $\int\left(\sqrt{x^2-1}+\dfrac{1}{\sqrt{x}+\sqrt[3]{x}}\right)\mathrm{d}x$.

3. 试编程求 $\int x\sec^2 x\mathrm{d}x$.

4. 试编程求 $\int\dfrac{x^5+3x^2-1}{x^3+4x^2-3x-2}\mathrm{d}x$.

总习题 4

1. 选择题.

(1) 如果 $\int\mathrm{d}f(x)=\int\mathrm{d}g(x)$，则下式不一定成立的是（　　）；

　　A. $f(x)=g(x)$　　　　B. $f'(x)=g'(x)$

　　C. $\mathrm{d}f(x)=\mathrm{d}g(x)$　　D. $\mathrm{d}\int f'(x)\mathrm{d}x=\mathrm{d}\int g'(x)\mathrm{d}x$

(2) 设 $\int f(x)\mathrm{d}x=\dfrac{3}{4}\ln\sin 4x+C$，则 $f(x)=$（　　）；

　　A. $\cot 4x$　　　　　B. $-\cot 4x$

　　C. $3\cot 4x$　　　　D. $3\cos 4x$

(3) 设 $f(x)$ 的一个原函数为 $\ln x$，则 $f'(x)=$（　　）；

　　A. $\dfrac{1}{x}$　　B. $x\ln x$　　C. $-\dfrac{1}{x^2}$　　D. e^x

(4) $F(x)$ 是 $f(x)$ 的一个原函数，则 $\int a^x f(a^x)\mathrm{d}x=$（　　）；

　　A. $F\left(\dfrac{a^x}{\ln a}\right)+C$　　　B. $\dfrac{1}{\ln a}F(a^x)+C$

　　C. $\ln a\cdot F(a^x)+C$　　D. $F(a^x)+C$

(5) 设 $\int\dfrac{1}{\sqrt{4+x^2}}\mathrm{d}x=$（　　）.

　　A. $2\arctan x+C$　　B. $2\sqrt{4+x^2}+C$

　　C. $\dfrac{1}{2}\ln(4+x^2)+C$　　D. $\ln|x+\sqrt{4+x^2}|+C$

2. 填空题.

(1) $\dfrac{d}{dx}\int e^{2x}\sin 3x\,dx =$ _____;

(2) 过$(0,1)$且在任意点(x,y)处的切线斜率为$3x^2$的曲线方程为_____;

(3) $\int\left(\tan^3 x + \dfrac{1}{\tan x} + 1\right)d\tan x =$ _____;

(4) $\int \dfrac{1}{x^3}\sin\dfrac{1}{x^2}dx =$ _____;

(5) 设 $f(x)$ 的一个原函数是 $e^{x\sin x}$,则 $\int xf'(x)dx =$ _____.

3. 计算题.

(1) $\int \dfrac{1+2x^2}{x^2(1+x^2)}dx$;

(2) $\int \cos^3 x\,dx$;

(3) $\int \dfrac{2x+1}{4+x^2}dx$;

(4) $\int \dfrac{e^{\frac{1}{x}} + x\ln x}{x^2}dx$;

(5) $\int \dfrac{\sqrt{4-x^2}}{x}dx$;

(6) $\int \dfrac{dx}{\sqrt{e^x - 1}}$;

(7) $\int x^3 \ln x \, dx$;

(8) $\int \dfrac{\ln\cos x}{\cos^2 x} dx$;

(9) $\int \dfrac{x e^x}{(x+1)^2} dx$.

4. 综合题.

(1) 已知 $f(x)$ 的一个原函数为 $(1+\sin x)\ln x$，求 $\int x f'(x) dx$；

(2) 设 $F(x)$ 是 $f(x)$ 的一个原函数，当 $x \geqslant 0$ 时有 $f(x)F(x) = \sin^2 2x$，且 $F(0)=1, F(x) \geqslant 0$，试求 $f(x)$；

(3) 一物体由静止开始运动，经 t s 后的速度是 $3t^2$ m/s，问：
(a) 在 3s 后物体离开出发点的距离是多少？
(b) 物体走完 1000m 需要多少时间？

第 5 章 定 积 分

习题 5-1 定积分的概念与性质

知识提要

1. [难点，理解] 微积分思想：先微后积.

(1) 微：化整为零. 划分＋近似：$a=x_0<x_1<\cdots<x_n=b$；$[x_{i-1},x_i]$ 上，$S_i\approx f(\xi_i)\Delta x_i$.

(2) 积：聚零为整. 求和＋极限：$S=\sum\limits_{i=1}^{n}S_i\approx\sum\limits_{i=1}^{n}f(\xi_i)\Delta x_i\Rightarrow$ $S=\lim\limits_{\lambda\to 0}\sum\limits_{i=1}^{n}f(\xi_i)\Delta x_i$，其中 $\lambda=\max(\Delta x_i)$.

2. 定积分的定义.

(1) $\int_a^b f(x)\mathrm{d}x=\lim\limits_{\lambda\to 0}\sum\limits_{i=1}^{n}f(\xi_i)\Delta x_i$（若该极限存在）；

(2) "两个任意性，一个极限"：划分和 $\{\xi_i\}$ 的任意性，$\lambda=\max\{\Delta x_i\}\to 0$；

(3) 几何意义：曲边梯形的面积.

3. 闭区间上，(分段)连续 $\Rightarrow$ 可积.

4. [重点] 定积分的性质（假设下列积分都存在）.

(1) 线性性质：$\int_a^b[f(x)+g(x)]\mathrm{d}x=\int_a^b f(x)\mathrm{d}x+\int_a^b g(x)\mathrm{d}x$，$\int_a^b\mu f(x)\mathrm{d}x=\mu\int_a^b f(x)\mathrm{d}x$；

(2) 1 的定积分：$\int_a^b\mathrm{d}x=b-a$（注：由图像理解此结论）；

(3) $\int_a^b f(x)\mathrm{d}x=-\int_b^a f(x)\mathrm{d}x$，$\int_a^a f(x)\mathrm{d}x=0$；

(4) 区间可加性：$\int_a^b f(x)\mathrm{d}x=\int_a^c f(x)\mathrm{d}x+\int_c^b f(x)\mathrm{d}x$（注：由图像理解此结论）；

(5) 正定性（$a<b$ 时）：

(a) 若 $f(x)\geqslant 0$，则 $\int_a^b f(x)\mathrm{d}x\geqslant 0$；

(b) 推论 1：若 $f(x)\geqslant g(x)$，则 $\int_a^b f(x)\mathrm{d}x\geqslant\int_a^b g(x)\mathrm{d}x$；

(c) 推论 2：$\left|\int_a^b f(x)\mathrm{d}x\right|\leqslant\int_a^b|f(x)|\mathrm{d}x$（注：由图像理解此结论）；

(6) 估值：设 $m=\min\limits_{[a,b]}f(x)$，$M=\max\limits_{[a,b]}f(x)$，则
$$m(b-a)\leqslant\int_a^b f(x)\mathrm{d}x\leqslant M(b-a)$$
（注：由图像理解此结论）；

(7) 积分中值（Mean Value，平均值）定理：

(a) 若 $f(x)\in C[a,b]$，则存在 $\xi\in[a,b]$，使得
$$f(\xi)=\frac{1}{b-a}\int_a^b f(x)\mathrm{d}x \quad \text{或} \quad \int_a^b f(x)\mathrm{d}x=f(\xi)(b-a)；$$

(b) 几何意义：

i 闭区间上的连续函数,总有一点处的高度为**平均高度**;

ii 以$[a,b]$为底边、以$f(x)$为曲边的曲边梯形面积的代数和①,等于以$[a,b]$为底边、以$f(\xi)$为高的"矩形面积"②.

基础题

1. 选择题.

(1) 函数$f(x)$在$[a,b]$上连续是它在该区间上可积的(　　)条件;

  A. 必要   B. 充分

  C. 充要   D. 既非充分也非必要

(2) 定积分的定义式$\int_a^b f(x)\mathrm{d}x = \lim\limits_{\lambda \to 0}\sum\limits_{i=1}^n f(\xi_i)\Delta x_i$中(　　);

  A. $[a,b]$必须n等分,ξ_i是$[x_{i-1},x_i]$的端点

  B. $[a,b]$可任意分法,ξ_i是$[x_{i-1},x_i]$的端点

  C. $[a,b]$可任意分法,ξ_i可在$[x_{i-1},x_i]$内任取,$\lambda=\max\{\Delta x_i\}$

  D. $[a,b]$必须n等分,ξ_i可在$[x_{i-1},x_i]$内任取,$\lambda=\max\{\Delta x_i\}$

(3) 下列等式中不成立的是(　　);

  A. $\int_a^b f(t)\mathrm{d}t = \int_a^b f(x)\mathrm{d}x$ B. $\int_a^b f(x)\mathrm{d}x = -\int_b^a f(x)\mathrm{d}x$

  C. $\int_{-a}^a f(x)\mathrm{d}x = 0$ D. $\int_a^a f(x)\mathrm{d}x = 0$

(4) $\lim\limits_{n\to+\infty}\dfrac{1}{n}\sqrt{1-\left(1+\dfrac{1}{n}\right)^2} = ($　　$)$;

  A. $\int_1^2 \sqrt{1+(1+x)^2}\,\mathrm{d}x$ B. $\int_0^1 \sqrt{1+x^2}\,\mathrm{d}x$

  C. $\int_2^3 \sqrt{1+x^2}\,\mathrm{d}x$ D. $\int_1^2 \sqrt{1+x^2}\,\mathrm{d}x$

(5) 积分中值定理$\int_a^b f(x)\mathrm{d}x = f(\xi)(b-a)$中(　　).

  A. ξ是$[a,b]$上任意点

  B. ξ是$[a,b]$上必定存在的某一点

  C. ξ是$[a,b]$上唯一的某点

  D. ξ是$[a,b]$的中点

2. $\dfrac{\mathrm{d}}{\mathrm{d}x}\int_2^5 \ln(x+\sqrt{1+x^2})\,\mathrm{d}x = $ _____.

3. 不计算积分,比较下列积分大小(填"<"">""=").

(1) $\int_0^1 x^2\,\mathrm{d}x$ ____ $\int_0^1 x^3\,\mathrm{d}x$; (2) $\int_1^2 \ln x\,\mathrm{d}x$ ____ $\int_1^2 (\ln x)^2\,\mathrm{d}x$.

4. 估计下列积分的值.

(1) $\int_{\frac{\pi}{4}}^{\frac{5\pi}{4}} (1+\sin^2 x)\,\mathrm{d}x$ (2) $\int_2^0 \mathrm{e}^{x^2-x}\,\mathrm{d}x$.

5. 利用分部积分的几何定义求$\int_0^1 \sqrt{1-x^2}\,\mathrm{d}x$.

---

① x轴上方的面积为正,下方的面积为负.

② 如果$f(\xi)$为负,则该积分值为面积的相反数.

综合题

6. 利用定积分的定义计算 $\int_0^1 2^x \, dx$.

7. 利用定积分的定义求 $\int_0^1 \sqrt{1-x^2} \, dx$.

（提示：取 $x_i = \sin\xi_i$，$\xi_i = \dfrac{\pi}{2} \cdot \dfrac{i}{n}$，可利用 $\cos\theta + \cos(\pi-\theta) = 0$.）

8. 已知 $\lim\limits_{x \to +\infty} f(x) = 1$，$a$ 为常数，则 $\lim\limits_{x \to +\infty} \int_x^{x+a} f(t) \, dt = $ _____.

习题 5-2 微积分基本公式

知识提要

1. [**重点**] 微积分基本公式（牛顿-莱布尼茨（Newton-Leibniz）公式）：

如果函数 $F(x)$ 是连续函数 $f(x)$ 在 $[a,b]$ 上的一个原函数，那么
$$\int_a^b f(x) \, dx = F(x) \Big|_a^b = F(b) - F(a).$$

2. [**理解**] 如果函数 $f(x)$ 在区间 $[a,b]$ 上连续，那么 $\int_a^x f(t) \, dt$ 是关于积分上限 x 的函数，且是 $f(x)$ 的一个原函数.

3. [**掌握**] 积分上下限函数的导数：
$$\frac{d}{dx} \int_{\varphi(x)}^{\psi(x)} f(t) \, dt = f[\psi(x)]\psi'(x) - f[\varphi(x)]\varphi'(x).$$

基础题

1. 选择题.

(1) $f(x)$ 在 $[a,b]$ 上连续，$\varphi(x) = \int_a^x f(t) \, dt$，则在 $[a,b]$ 上（　　）；

  A. $\varphi(x)$ 是 $f(x)$ 的一个原函数

  B. $f(x)$ 是 $\varphi(x)$ 的一个原函数

  C. $\varphi(x)$ 是 $f(x)$ 唯一的原函数

  D. $f(x)$ 是 $\varphi(x)$ 唯一的原函数

(2) $\dfrac{\mathrm{d}}{\mathrm{d}x}\displaystyle\int_0^x \sin t^2\,\mathrm{d}t = (\quad)$.

　　A. $2x\sin x^2$　　　　　　B. $\sin t^2$

　　C. $\sin x^2$　　　　　　　D. $2t\sin t^2$

2. 填空题.

(1) $\displaystyle\int_0^1 (x^{10}\mathrm{e}^x)'\,\mathrm{d}x = $ ＿＿＿＿＿；

(2) $\displaystyle\int_{\mathrm{e}}^{\mathrm{e}^2} \dfrac{1}{x}\,\mathrm{d}x = $ ＿＿＿＿＿；

(3) 设 $F(x) = \displaystyle\int_0^2 f(x)\,\mathrm{d}x + \int_0^x f(t)\,\mathrm{d}t$，则 $F'(x) = $ ＿＿＿＿＿.

3. 计算题.

(1) $\displaystyle\int_1^2 \dfrac{(x+1)^2}{x}\,\mathrm{d}x$；　　(2) $\displaystyle\int_{-1}^0 \dfrac{x^4+1}{x^2+1}\,\mathrm{d}x$.

5. 计算题.

(1) $\displaystyle\int_0^{\frac{\pi}{4}} \dfrac{\mathrm{d}x}{1+\cos 2x}$；

(2) $\displaystyle\int_0^{\frac{\pi}{2}} |\sin x - \cos x|\,\mathrm{d}x$.

6. 设 $f(x) = \begin{cases} \mathrm{e}^x, & x < 1 \\ x^2, & x \geqslant 1 \end{cases}$，求 $\displaystyle\int_0^2 f(x)\,\mathrm{d}x$.

提高题

4. 设 $f(x)$ 连续，$F(x) = \displaystyle\int_0^{x^2} f(t^2)\,\mathrm{d}t$，则 $F'(x)$ 等于 ( ).

　　A. $f(x^4)$　　　　　　　B. $x^2 f(x^4)$

　　C. $2x f(x^4)$　　　　　　D. $2x f(x^2)$

综合题

7. 当 $x \to 0$ 时，$\int_0^x (\cos t - 1)\mathrm{d}t$ 与 x^n 是同阶无穷小量，则 n 的值为（ ）.

    A. 1   B. 2   C. 3   D. 4

8. 填空题.

(1) 函数 $F(x) = \int_1^x (1 - \ln\sqrt{t})\mathrm{d}t \ (x > 0)$ 的递减区间为_____.

(2) $\lim\limits_{x \to 0} \dfrac{\int_0^x t^2 \mathrm{d}t}{x^3} =$ _____.

9. 求 $\int_0^{\frac{\pi}{4}} (\tan^2 x + \tan x + 1)\mathrm{d}x$.

10. 设 $\int_0^y \mathrm{e}^t \mathrm{d}t + \int_0^x \cos t \mathrm{d}t = 0$，求 $\dfrac{\mathrm{d}y}{\mathrm{d}x}$.

11. 设 $f(x)$ 在 $[a,b]$ 上连续，在 (a,b) 内可导，且 $f'(x) \leqslant 0$，$F(x) = \dfrac{1}{x-a}\int_a^x f(t)\mathrm{d}t$. 试利用中值定理证明：$F(x)$ 在 (a,b) 内单调递减.

思考题

12. 若 $\int_0^x f(t)\mathrm{d}t = \dfrac{x^4}{2}$，则 $\int_0^4 \dfrac{1}{\sqrt{x}} f(\sqrt{x})\mathrm{d}x = $（ ）.

    A. 16   B. 8   C. 4   D. 2

13. 求 $\dfrac{\mathrm{d}}{\mathrm{d}x} \int_a^{\varphi(x)} \psi(x) f(t)\mathrm{d}t$.

习题 5-3　定积分的换元法和分部积分法

知识提要

1. [**重点**] 换元积分法.

(1) 第一类：$\int_a^b f[\varphi(x)]\varphi'(x)dx = \int_a^b f[\varphi(x)]d\varphi(x)$；

(2) 第二类：$\int_a^b f(x)dx = \int_\alpha^\beta f[\varphi(t)]d\varphi(t) = \int_\alpha^\beta f[\varphi(t)]\varphi'(t)dt$，

其中 $a = \varphi(\alpha), b = \varphi(\beta)$；

(3) [**理解,难点**] 第一类，积分变量未变，因此不换积分限；第二类，积分变量改变，因此要换积分上下限.

2. [**重点**] 分部积分法：

$$\int_a^b uv'dx \xrightarrow{凑} \boxed{\int_a^b u(x)dv(x) \xrightarrow{核心} uv\Big|_a^b - \int_a^b v(x)du(x)}$$
$$\xrightarrow{微分} = uv\Big|_a^b - \int_a^b u'v\,dx.$$

3. 重要推论.

(1) [**重点**] $\int_{-a}^a f(x)dx = \begin{cases} 0, & f(x)\text{ 为奇函数,} \\ 2\int_0^a f(x)dx, & f(x)\text{ 为偶函数;} \end{cases}$

(2) [**常用**]

(a) $\int_0^{\frac{\pi}{2}} \sin x\,dx = \int_0^{\frac{\pi}{2}} \cos x\,dx = 1, \int_0^{\frac{\pi}{2}} f(\sin x)dx = \int_0^{\frac{\pi}{2}} f(\cos x)dx$；

(b) $\int_0^\pi \sin x\,dx = 2\int_0^{\frac{\pi}{2}} \sin x\,dx$[①]，$\int_0^\pi f(\sin x)dx = 2\int_0^{\frac{\pi}{2}} f(\sin x)dx$；

(c) $\int_0^\pi xf(\sin x)dx = \frac{\pi}{2}\int_0^\pi f(\sin x)dx$；

(d)[②] $\int_0^{\frac{\pi}{2}} \sin^n x\,dx = \begin{cases} \dfrac{n-1}{n} \cdot \dfrac{n-3}{n-2} \cdot \cdots \cdot \dfrac{4}{5} \cdot \dfrac{2}{3} \cdot 1, & n \text{ 为奇数,} \\ \dfrac{n-1}{n} \cdot \dfrac{n-3}{n-2} \cdot \cdots \cdot \dfrac{3}{4} \cdot \dfrac{1}{2} \cdot \dfrac{\pi}{2}, & n \text{ 为偶数;} \end{cases}$

(3) 若 $f(x)$ 为以 T 为周期的连续函数,则

(a) $\int_a^{a+T} f(x)dx = \int_0^T f(x)dx$：任一周期上的积分均等于标准周期 $[0,T]$ 上的积分；

(b) $\int_a^{a+nT} f(x)dx = n\int_0^T f(x)dx$：任意 n 个周期上的积分等于 $[0,T]$ 上积分的 n 倍.

基础题

1. 选择题.

(1) 下列积分中,积分值为 0 的是(　　)；

A. $\int_{-1}^2 x^2 \sin x\,dx$ 　　　　B. $\int_{-1}^1 x^3 \cos x\,dx$

C. $\int_{-1}^1 |x|\,e^{-x^2}dx$ 　　　　D. $\int_{-1}^1 \dfrac{1}{x^2}dx$

(2) $\int_0^1 f(\sqrt{4-x})dx = (\quad)$；

A. $2\int_0^1 f(t)dt$ 　　　　B. $2\int_0^1 f(x)dx$

[①] 可理解为：$y = \sin x$ 在 $[0,\pi]$ 上为关于 $x = \dfrac{\pi}{2}$ 的偶函数.

[②] 该公式俗称"点火公式".

C. $2\int_{\sqrt{3}}^{2} xf(x)dx$ D. $2\int_{2}^{\sqrt{3}} f(t)dt$

2. 填空题.

(1) $\int_{-\frac{\pi}{2}}^{\frac{\pi}{2}} x^2 \sin x \, dx =$ _____ ;

(2) $\int_{-1}^{1} x\ln(1+x^2)dx =$ _____ .

(3) $\int_{0}^{1} xe^{x^2}dx =$ _____ .

(4) $\int_{0}^{1} xe^x dx =$ _____ .

3. 计算题.

(1) $\int_{-2}^{1} \frac{1}{(3+x)^2}dx$; (2) $\int_{1}^{e^2} \frac{1}{x\sqrt{1+\ln x}}dx$;

(3) $\int_{1}^{\sqrt{3}} \frac{1}{\sqrt{(1+x^2)^3}}dx$.

提高题

4. 选择题.

(1) $\int_{0}^{2\pi} \sqrt{1+\cos x}\,dx = ($);

A. 0   B. $\sqrt{2}$ C. $2\sqrt{2}$ D. $4\sqrt{2}$

(2) $\int_{0}^{\frac{\pi}{4}} \frac{\sqrt{\tan x}}{\cos^2 x}dx = ($);

A. $\frac{4}{3}$ B. $\frac{2}{3}$ C. $\frac{2\sqrt{2}}{3}$ D. $\frac{\sqrt{2}}{3}$

(3) $\int_{0}^{\pi} \sqrt{\cos^2 x - \cos^4 x}\,dx = ($);

A. -1 B. 0   C. 1   D. 2

(4) $\int_{0}^{\frac{\pi}{2}} \sin^4 x \, dx = ($);

A. $\frac{\pi}{4}$ B. $\frac{\pi}{8}$ C. $\frac{3\pi}{16}$ D. $\frac{3\pi}{4}$

(5) $\int_{-\frac{\pi}{2}}^{\frac{\pi}{2}} (x^3 + 2)\sin^4 x \, dx = ($).

A. 0   B. $\frac{3\pi}{16}$ C. $\frac{3\pi}{8}$ D. $\frac{3\pi}{4}$

5. 填空题.

(1) $\frac{d}{dx}\int_{a}^{\varphi(x)} f[t - \psi(x)]dt =$ _____（提示：令 $u = t - \psi(x)$）;

(2) 设 $f(x)$ 为以 T 为周期的连续函数，$\int_{0}^{T} f(x)dx = 1$，则 $\int_{1}^{1+2017T} f(x)dx =$ _____ .

6. 计算题.

(1) $\int_1^2 \dfrac{1}{x(x^6+4)}\,dx$;

(2) $\int_0^\pi \sqrt{1+\cos x}\,dx$;

(3) $\int_0^2 \sqrt{1-4x+4x^2}\,dx$.

7. 设 $f''(x)$ 在 $[0,1]$ 上连续,且 $f(0)=1, f(1)=3, f'(1)=5$. 利用分部积分法,求 $\int_0^1 x f''(x)\,dx$.

综合题

8. 计算 $\int_0^1 e^{\sqrt{x}}\,dx$.

9. 计算 $\int_1^e \cos(\ln x)\,dx$.

10. 计算 $\int_0^{2a} x\sqrt{2ax-x^2}\,dx$.

11. 若函数 $f(x)=e^x\cos x+\sqrt{1-x^2}\int_0^1 f(x)\,dx$,求 $\int_0^1 f(x)\,dx$.

思考题

12. 设 $f(x) = x^2 - x\int_0^2 f(x)\,dx + 2\int_0^1 f(x)\,dx$，求 $f(x)$.

13. 设 $f(x) = \int_0^{\sqrt{x}-1} e^{-(t+1)^2}\,dt$，利用分部积分法，求 $\int_0^1 \dfrac{1}{\sqrt{x}} f(x)\,dx$.

14. 设 $f(x) = \begin{cases} \dfrac{1}{1+e^x}, & x < 0, \\ \dfrac{1}{1+x}, & x \geqslant 0, \end{cases}$ 求 $\int_0^2 f(x-1)\,dx$.

习题 5-4　反常积分

知识提要

设 $F(x)$ 为 $f(x)$ 的一个原函数.

1. 第一类反常积分：无穷区间上的积分.

(1) $\int_a^{+\infty} f(x)\,dx, \int_{-\infty}^b f(x)\,dx, \int_{-\infty}^{+\infty} f(x)\,dx$；

(2) $\int_a^{+\infty} f(x)\,dx = F(x)\Big|_a^{+\infty} = \lim\limits_{x \to +\infty} F(x) - F(a)$.

2. 第二类反常积分：瑕积分.

(1) 瑕点：积分区间 $[a,b]$ 上，函数无界的点；

(2) 若 a 为瑕点，$\int_a^b f(x)\,dx = F(x)\Big|_{a^+}^b = F(b) - \lim\limits_{x \to a^+} F(x)$；

b 为瑕点及 a, b 均为瑕点时类似；

(3) 某内点 c 为瑕点时，$\int_a^b f(x)\,dx = \int_a^c f(x)\,dx + \int_c^b f(x)\,dx = F(x)\Big|_a^{c^-} + F(x)\Big|_{c^+}^b$.

3. 反常积分收敛性的定义.

4. [理解] 总结：计算反常积分的方法.

(1) 利用 Newton-Leibniz 公式；

(2) 在无穷限或瑕点处，将"计算函数值"转变为"求极限"；

(3) 当反常积分是收敛时才可以使用定积分的线性性质和分部积分法.

基础题

1. 选择题.

(1) $\int_{-1}^{2} \dfrac{1}{x^2} dx$ 为( );

    A. $-\dfrac{3}{2}$ B. $\dfrac{1}{2}$ C. $-\dfrac{1}{2}$ D. 发散

(2) $\int_{0}^{+\infty} \dfrac{a}{1+x^2} dx = \pi$,则 $a = ($).

    A. 1   B. 2   C. $\dfrac{1}{2}$ D. $-\dfrac{1}{2}$

2. 计算题.

(1) $\int_{1}^{+\infty} \dfrac{dx}{x^5}$;   (2) $\int_{0}^{1} \dfrac{dx}{\sqrt{1-x}}$;

(3) $\int_{0}^{2} \dfrac{dx}{(1-x)^2}$.

提高题

3. 选择题.

(1) 下列反常积分中发散的是( );

    A. $\int_{0}^{+\infty} xe^{-x^2} dx$ B. $\int_{0}^{1} x\ln x\, dx$

    C. $\int_{3}^{+\infty} \dfrac{dx}{x\ln x \cdot \ln(\ln x)}$ D. $\int_{3}^{+\infty} \dfrac{dx}{x \ln^2 x}$

(2) 下列反常积分中收敛的是( );

    A. $\int_{0}^{+\infty} \cos x\, dx$ B. $\int_{0}^{2} \dfrac{1}{(x-2)^2} dx$

    C. $\int_{0}^{+\infty} \dfrac{dx}{\sqrt{x+1}}$ D. $\int_{0}^{+\infty} \dfrac{dx}{(2x+1)^{\frac{3}{2}}}$

(3) $\int_{1}^{+\infty} \dfrac{1}{x\sqrt{x^2-1}} dx = ($).

    A. $-\dfrac{\pi}{2}$ B. $\dfrac{\pi}{2}$

    C. $\dfrac{\pi}{4}$ D. 发散

4. 填空题.

(1) $\int_{2}^{+\infty} \dfrac{1}{x(\ln x)^k} dx$,其中 k 为常数. 当 k _____ 时,积分收敛于 _____;当 k _____ 时,积分发散;

(2) $\int_{1}^{+\infty} \dfrac{1}{x(x^2+1)} dx = $ _____;

(3) $\int_{1}^{2} \dfrac{1}{x\ln x} dx = $ _____.

5. 计算题.

(1) $\int_0^1 \dfrac{x}{\sqrt{1-x^2}}\,\mathrm{d}x$;

(2) $\int_1^3 \dfrac{x}{\sqrt{|x^2-4|}}\,\mathrm{d}x$;

(3) $\int_0^{+\infty} x\mathrm{e}^{-2x}\,\mathrm{d}x$.

习题 5-P 程序实现

1. 在确定 $\int_0^1 x^2\,\mathrm{d}x$ 存在的情况下，取 $[0,1]$ 上的等距节点 $x_i = \dfrac{i}{N}(1 \leqslant i \leqslant N)$，步长 $\Delta x_i = \dfrac{1-0}{N} =: h$. 取 $\xi_i = x_i$，利用定积分的定义，可得该积分的近似值 $\sum\limits_{i=1}^{N} \xi_i^2 \Delta x_i = \sum\limits_{i=1}^{N} \left(\dfrac{i}{N}\right)^2 h = h\sum\limits_{i=1}^{N} \left(\dfrac{i}{N}\right)^2$. 下列 MATLAB 程序段可用于求该近似值.

```
clear; clc;
a = 0; b = 1;           % 积分区间
N = 10000;              % 选取充分大的区间数
h = (b-a)/N;            % 步长(子区间的长度)
%% 用数组 X 存储节点,Y 存储函数值
% 此段程序可简化为: X = linspace(a+h,b,N); Y = X.^2;
% 为了提高运行效率,先固定存储空间,元素皆为 0; 然后逐个元素
赋值
X = zeros(N,1); Y = X;
for i = 1:N
    X(i,1) = i/N;
    Y(i,1) = (X(i,1))^2;
end; clear i
%% 求近似积分
format long;            % 以长格式显示结果,否则只显示四位小数
Int = sum(Y)*h
```

试编程求 $\int_{-1}^{1} \mathrm{e}^{x^2}\,\mathrm{d}x$.

2. 下列 MATLAB 程序段可用于求 $\int_{-1}^{0} \dfrac{x^4+1}{x^2+1} dx$.

```
clear; clc;
syms x
Int = int((x^4 + 1)/(x^2 + 1),x,-1,0)
format long;
eval(Int)          % 前面的结果再计算为小数显示
```

试编程求 $\int_{0}^{\frac{\pi}{3}} \dfrac{1}{1+\cos 2x} dx$.

3. 试编程求下列积分.

(1) $\int_{1}^{e^2} \dfrac{1}{x\sqrt{1+\ln x}} dx$;   (2) $\int_{1}^{e} \cos(\ln x) dx$.

4. 试编程求 $\int_{0}^{+\infty} e^{-x^2} dx$.

总习题 5

1. 选择题.

(1) 在下列积分中,值为 0 的是(　　);

　A. $\int_{-1}^{1} |\sin 2x| dx$　　　　B. $\int_{-1}^{1} \cos 2x dx$

　C. $\int_{-1}^{1} x\sin x dx$　　　　D. $\int_{-1}^{1} \sin 2x dx$

(2) 定积分 $\int_{-1}^{1} x^{2017}(e^x + e^{-x}) dx$ 的值为(　　);

　A. 0　　　　　　　　　B. $2016!\left(e - \dfrac{1}{e}\right)$

　C. $2017!\left(e - \dfrac{1}{e}\right)$　　D. $2015!\left(e - \dfrac{1}{e}\right)$

(3) 设 $\varPhi(x) = \int_{0}^{x} \sin(x-t) dt$, $\varPhi'(x) = ($　　$)$;

　A. $\cos x$　　B. $-\sin x$　　C. $\sin x$　　D. 0

(4) 设 $f(x) = \int_{0}^{\sin x} \sin(t^2) dt$, $g(x) = x^3 + x^4$, 则当 $x \to 0$ 时, $f(x)$ 是 $g(x)$ 的(　　)无穷小量;

　A. 等价　　　　　　B. 同阶但非等价

　C. 高阶　　　　　　D. 低阶

(5) 下列等式成立的是(　　);

　A. $\int_{-2}^{2} x^3 \sin x dx = 0$　　B. $\int_{-1}^{1} 2e^{x^3} dx = 0$

　C. $\int_{-1}^{1} x^5 \cos x dx = 0$　　D. $\left[\int_{3}^{5} \ln x dx\right]' = \ln\dfrac{5}{3}$

(6) 下列反常积分中收敛的是（　　）；

A. $\int_e^{+\infty} \dfrac{\ln x}{x} dx$　　　　B. $\int_e^{+\infty} \dfrac{1}{x\ln x} dx$

C. $\int_e^{+\infty} \dfrac{1}{x(\ln x)^2} dx$　　D. $\int_e^{+\infty} \dfrac{1}{x\sqrt{\ln x}} dx$

(7) 设函数 $f(x)$ 连续，则在下列变上限积分中，必为偶函数的是（　　）；

A. $\int_0^x t[f(t)+f(-t)] dt$　　B. $\int_0^x t[f(t)-f(-t)] dt$

C. $\int_0^x f(t^2) dt$　　　　　　D. $\int_0^x f^2(t) dt$

(8) 下列积分正确的是（　　）.

A. $\int_{-1}^1 \dfrac{1}{x^2} dx = \left[-\dfrac{1}{x}\right]_{-1}^1 = -2$

B. $\int_{-\frac{\pi}{2}}^{\frac{\pi}{2}} \sin x dx = 2\int_0^{\frac{\pi}{2}} \sin x dx = 2$

C. $\int_{-1}^1 \sqrt{1-x^2} dx = 2\int_0^1 \sqrt{1-x^2} dx = \dfrac{\pi}{2}$

D. $\int_{-\frac{\pi}{2}}^{\frac{\pi}{2}} \cos x dx = 0$

2. 填空题．

(1) 设 $f(x)$ 连续，则 $\int_2^3 f(x) dx + \int_3^1 f(x) dx + \int_1^2 f(x) dx =$ ＿＿＿＿＿＿；

(2) 已知 $\int_0^1 f(x) dx = 1, f(1) = 0$，则 $\int_0^1 xf'(x) dx =$ ＿＿＿＿＿＿；

(3) $\lim\limits_{x \to 0} \dfrac{\int_0^x \sin^2 t dt}{x^3} =$ ＿＿＿＿＿＿；

(4) $\int_{-\frac{\pi}{2}}^{\frac{\pi}{2}} x^2(\sin x + 1) dx =$ ＿＿＿＿＿＿；

(5) $\int_{-\frac{\pi}{2}}^{\frac{\pi}{2}} \cos^7 x dx =$ ＿＿＿＿＿＿；

(6) $\int_0^{+\infty} xe^{-x} dx =$ ＿＿＿＿＿＿；

(7) 设 $f(x)$ 连续，则 $\int_{-a}^a x[f(x)+f(-x)] dx =$ ＿＿＿＿＿＿；

(8) $\int_{-2}^2 \dfrac{x + \sin x + |x|}{2+x^2} dx =$ ＿＿＿＿＿＿；

(9) 设 $f(x) = 1 + \dfrac{1}{1+x^2} + x^2\int_0^1 f(x) dx$，则 $\int_0^1 f(x) dx =$ ＿＿＿＿＿＿．

3. 计算题．

(1) $\int_1^e \dfrac{1+\ln x}{x} dx$；

(2) $\int_0^{\ln 2} \sqrt{e^x - 1} dx$；

(3) $\int_1^{100\pi+1} \sqrt{1-\cos 2x} dx$；

(4) $\int_{\frac{1}{e}}^{e} |\ln x|\, dx$;

(5) $\int_{0}^{1} \arcsin \sqrt{x}\, dx$;

(6) $\int_{0}^{\frac{\pi}{2}} \dfrac{1}{2+\cos x}\, dx$;

(7) $\int_{0}^{+\infty} e^{-x} \sin x\, dx$;

(8) $\int_{1}^{3} \dfrac{x}{\sqrt{|x^2-4|}}\, dx$.

4. 设 $f(x)=\begin{cases} 1+x^2, & x<0, \\ e^{-x}, & x\geqslant 0, \end{cases}$ 求 $\int_{1}^{3} f(x-2)\, dx$.

5. 设 $xe^{x}\int_{0}^{1} f(x)\, dx + \dfrac{1}{1+x^2} + f(x) = 1$,求 $\int_{0}^{1} f(x)\, dx$.

6. 计算 $\int_{0}^{\frac{\pi}{2}} \dfrac{e^{\sin x}}{e^{\sin x}+e^{\cos x}}\, dx$.

(提示:先证明 $\int_{0}^{\frac{\pi}{2}} \dfrac{e^{\sin x}}{e^{\sin x}+e^{\cos x}}\, dx = \int_{0}^{\frac{\pi}{2}} \dfrac{e^{\cos x}}{e^{\sin x}+e^{\cos x}}\, dx$.)

第 6 章　定积分的应用

习题 6-1　定积分的几何应用

知识提要

1. 微元法的步骤：(1)选择积分方向；(2)计算需要计算的总量的微元；(3)积分.

2. 平面区域的面积.

(1) [**重点**] 直角坐标系：以积分方向选为 x 为例，面积微元 $dS=h(x)dx$，其中 $h(x)$ 为 x 处的高；

(2) 极坐标系：$r=r(\theta)$，面积微元 $dS=\dfrac{r^2(\theta)}{2}d\theta$.

3. 体积.

(1) 以积分方向选为 x 为例，体积微元 $dV=S(x)dx$，其中 $S(x)$ 为 x 处的截面积；

(2) 旋转体：积分方向为旋转轴的方向，截面为圆；

(a) [**重点**] 若 $y=f(x)$ 绕 x 轴旋转，则截面积 $S(x)=\pi y^2=\pi f^2(x)$；

(b) 若 $x=g(y)$ 绕 y 轴旋转，则截面积 $S(y)=\pi x^2=\pi g^2(y)$.

4. 对于面积和体积，当给定曲线为参数式 $\begin{cases}x=r\cos\theta,\\y=r\sin\theta\end{cases}$ 或极坐标形式 $r=r(\theta)$ 时，可将对应的表达式①代入直角坐标系下的积分式中求解，相当于利用第二类换元积分法.

5. [**了解**] 平面上的曲线 l 的弧长 $s=\displaystyle\int_l ds$，其中弧长微元② $ds=\sqrt{(dx)^2+(dy)^2}$：

(1) $l: y=y(x)$ 时，$ds=\sqrt{1+y'^2}dx$；

(2) $l:\begin{cases}x=\varphi(t),\\y=\psi(t)\end{cases}$ 时，$ds=\sqrt{\varphi'^2+\psi'^2}dt$；

(3) $l: r=r(\theta)$ 时，$ds=\sqrt{r'^2+r^2}d\theta$.

基础题

1. 选择题.

(1) 曲线 $y=x(x-1)(x-2)$ 与 x 轴所围成的图形的面积可表示为(　　)；

A. $\displaystyle\int_0^1 x(x-1)(x-2)dx$

B. $\displaystyle\int_0^2 x(x-1)(x-2)dx$

C. $\displaystyle\int_0^1 x(x-1)(x-2)dx - \int_1^2 x(x-1)(x-2)dx$

D. $\displaystyle\int_0^1 x(x-1)(x-2)dx + \int_1^2 x(x-1)(x-2)dx$

---

① 极坐标系下的曲线方程中，r 与 θ 有关，需结合极坐标与参数形式，化为 $\begin{cases}x=r(\theta)\cos\theta,\\y=r(\theta)\sin\theta.\end{cases}$

② 若为三维空间中的曲线，则 $ds=\sqrt{(dx)^2+(dy)^2+(dz)^2}$；以此类推.

(2) 曲线 $r=\theta(0\leqslant\theta\leqslant 2\pi)$ 的弧长可以用定积分表示为（　　）．

A. $\int_0^{2\pi} 1\,d\theta$　　　　B. $\int_0^{2\pi}\sqrt{1+1}\,d\theta$

C. $\int_0^{2\pi}\sqrt{1+\theta}\,d\theta$　　D. $\int_0^{2\pi}\sqrt{1+\theta^2}\,d\theta$

2. 曲线 $y=\dfrac{1}{x}$ 与直线 $y=x$ 和 $x=2$ 所围图形的面积为_____．

3. 求曲线 $y=x^2$ 与直线 $x+y=2$ 所围图形的面积．

4. 求曲线 $y=\sqrt{x}$ 与直线 $x=1,x=4,y=0$ 所围区域绕 x 轴旋转所得的旋转体体积．

5. 求曲线 $y=\dfrac{2}{3}x^{\frac{3}{2}}, x\in[0,15]$ 的弧长．

提高题

6. 填空题．

(1) 曲线 $y=\ln x$ 与直线 $y=e+1-x$ 及 $y=0$ 所围图形的面积为_____．

(2) 曲线 $y=e^x, y=e^{-x}$ 与直线 $x=1$ 所围区域绕 x 轴旋转所得的旋转体体积为_____．

(3) 曲线 $r=\cos\theta, \theta\in\left[0,\dfrac{\pi}{2}\right]$ 与 x 轴所围图形绕 x 轴旋转所得的旋转体体积为_____．

7. 计算题（平面图形的面积）．

(1) 求曲线 $y^2=1-x$ 与直线 $2y=x+2$ 所围图形的面积；

(2) 曲线 $x^2=2y$ 将 $x^2+y^2=8$ 围成的面积分为两部分,求大、小两部分之比;

(3) 求心形线 $r=a(1+\cos\theta)$ 所围图形的面积.

8. 求曲线 $y=2x-x^2$ 与直线 $y=0$ 所围区域分别绕 x 轴、y 轴旋转所得的旋转体体积.

9. 计算题(曲线弧长).

(1) 求曲线 $y=\ln(1-x^2)\left(0\leqslant x\leqslant\dfrac{1}{2}\right)$ 的弧长;

(2) 求心形线 $r=a(1+\cos\theta)$ 的全长,其中 $a>0$ 是常数.

综合题

10. 求星形线 $x^{\frac{2}{3}}+y^{\frac{2}{3}}=a^{\frac{2}{3}}$ $\left(\text{参数形式：}\begin{cases}x=a\cos^3\theta,\\y=a\sin^3\theta\end{cases}\right)$ 所围图形的面积.

11. 求曲线 $y=\sqrt{x}$ 的一条切线 l,使该曲线与切线 l 及直线 $x=0$ 与 $x=2$ 所围图形面积最小.

12. 求由摆线 $\begin{cases} x=a(t-\sin t), \\ y=a(1-\cos t) \end{cases} (0\leqslant t\leqslant 2\pi)$ 与直线 $y=0$ 所围图形分别绕 x 轴、绕直线 $y=2a$ 旋转所得的旋转体体积.

思考题

13. 柱面 $x^2+y^2=1$ 与柱面 $x^2+z^2=1$ 所围立体体积为( ).

    A. 1   B. $\dfrac{16}{3}$ C. π D. $\dfrac{4}{3}\pi$

14. 设曲线 C 的方程为 $y=\sin x(x\in[-\pi,\pi])$.现将 C 沿 $x=0$ 向右对折,成为一条闭合曲线 $C_1(x\in[0,\pi])$.设曲线 C_2 的方程为 $\dfrac{x^2}{2}+y^2=1$.

(1) 在图 1 中画出 C 的图像;

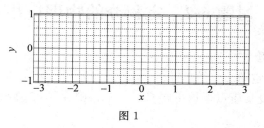

图 1

(2) 在图 2 中画出 C_1 和 C_2 的图像;

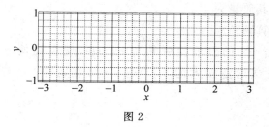

图 2

(3) 试证:C_1 与 C_2 等长.

提示:

(i) 利用曲线的对称性可简化问题;

(ii) 计算 C_2 的长度时,可利用椭圆 C_2 的参数形式 $\begin{cases} x=\sqrt{2}\cos\theta, \\ y=\sin\theta; \end{cases}$

(iii) 需利用 $\int_0^{\frac{\pi}{2}} f(\sin x)\mathrm{d}x = \int_0^{\frac{\pi}{2}} f(\cos x)\mathrm{d}x$.

习题 6-2 定积分的物理应用

基础题

1. 填空题.

(1) 设某质点运动速度 $v=v_0+at$,则在 $[0,T]$ 内该质点的位移为_____.

(2) 设某细杆长 $l=10$m,其线密度为 $\delta=6+0.3x$ kg/m($x\in[0,l]$),则其质量为_____.

2. 计算题.

(1) 若 1N 的力能使弹簧伸长 1cm,现在要使这弹簧伸长 10cm,问需要花费多大的功?[注:(胡克定律)力与伸长量成正比.]

(2) 一矩形板垂直于水面浸在水中,其底长 8m,高为 12m,上沿与水面平行,并且距水面 5 米.求矩形板的一侧所受的水压力($g=9.8$m/s^2).

(3) 设有一线密度为 μ_0 的无限长直线 l,在与直线 l 距离为 a 处有一质量为 m 的质点.问 l 对该质点的引力是多少?(注:取 x 轴为直线且质点在 $(0,a)$ 处.)

提高题

3. 设交流电压为 $u=U_m\cos(\omega t)$,则其在 $t\in\left[0,\dfrac{\pi}{\omega}\right]$ 内的平均值为_____.

4. 计算题.

（1）镭的分解速度与其现存量成比例. 设在初始时刻有镭 1g，经过 1600 年减少了一半. 求经过 t 年还有多少 g？

（2）设液体从容器中流出的速度为 $v=\dfrac{3}{5}\sqrt{2gh}$ m/s，其中 $g=9.8$ m/s^2 为重力加速度，h 为液体表面在开孔以上的高度. 现有直径 1m、高为 2m 的直立圆柱形大桶，充满之后从其底上直径为 $d=1$ cm 的圆孔流出，需要多长时间才能完全流出？

思考题

5. 为清除井底的污泥，用缆绳将抓斗放入井底，抓起污泥后提出井口. 已知井深 30m，抓斗自重 400N，抓起的污泥重 2000N，提升速度为 3m/s. 在提升过程中污泥以 20N/s 的速度从抓斗的缝隙中漏掉.

（1）若不考虑绳子的质量，问抓起污泥提升到井口，克服重力需做多少功？

（2）若绳子每米重 50N，则需要做多少功？

总习题 6

1. 选择题.

(1) 函数 $y=\sin x, x\in[0,2\pi]$ 与 x 轴所围图形的面积为(　　);

A. 0　　　　B. 1　　　　C. 2　　　　D. 4

(2) 曲线 $y=\sin x$ 与直线 $y=0(0\leqslant x\leqslant\pi)$ 所围区域绕 y 轴旋转所得的旋转体体积为(　　);

A. $\dfrac{\pi^2}{2}$　　　　B. π^2　　　　C. $2\pi^2$　　　　D. $4\pi^2$

(3) 轴上有一线密度为 a、长为 b 的细杆与一质量为 m 的质点,质点距离杆的右端为 c,已知引力系数为 k,则质点和细杆之间的引力大小为(　　).

A. $\displaystyle\int_{-b}^{0}\dfrac{kma}{(c-x)^2}\mathrm{d}x$　　　　B. $\displaystyle\int_{0}^{b}\dfrac{kma}{(c-x)^2}\mathrm{d}x$

C. $2\displaystyle\int_{-\frac{b}{2}}^{0}\dfrac{kma}{(c+x)^2}\mathrm{d}x$　　　　D. $2\displaystyle\int_{0}^{\frac{b}{2}}\dfrac{kma}{(c+x)^2}\mathrm{d}x$

2. 填空题.

(1) 曲线 $r=a\cos\theta+b$ $(b\geqslant a)$ 所围图形的面积为_____;

(2) 曲线 $y=\sin x$ 与直线 $y=0(0\leqslant x\leqslant\pi)$ 所围区域绕 x 轴旋转所得的旋转体体积为_____;

(3) 设曲线 $y=\ln\cos x$ $(0\leqslant x\leqslant a)$,其中 a 为常数且 $0\leqslant a<\dfrac{\pi}{2}$,则曲线段的弧长为_____;

(4) 有一水渠,它的横截面是直径为 2m 的半圆形,并设有垂直于水渠的铁板闸门,当水渠盛满水时,闸门一侧所受的水压力为_____.

3. 计算题.

(1) 求曲线 $y=-x^3+x^2+2x$ 与 x 轴所围图形的面积;

(2) 求曲线 $y=-x^2+1$ 上一点,使过该点的切线与这条曲线和 x 轴、y 轴在第一象限内所围图形的面积最小,最小面积是多少?

(3) 求曲线 $y=x^2$ 与直线 $y=x, y=2x$ 所围区域绕 x 轴旋转所得的旋转体体积；

(4) 求由参数方程 $\begin{cases} x=a(\cos t+t\sin t), \\ y=a(\sin t-t\cos t) \end{cases}$ $(0\leqslant t\leqslant 2\pi)$ 所表示的曲线的弧长；

(5) 现有内半径为 10m 的半球容器，其中盛满水，欲将水抽尽，求所做的功 $(g=9.8\text{m/s}^2)$；

(6) 竖直向上发射质量为 m 的火箭. 当火箭距地面为 r 时，需要花费多大的功？若需脱离地球引力范围，问初速度 v_0 至少是多少？$\left(\text{设地球半径为 }R\text{，火箭动能为 }\dfrac{1}{2}mv_0^2.\right)$

第7章 常微分方程

习题 7-1 微分方程的基本概念

知识提要

1. [了解] 四类"常见"方程①.

	例	解的类型
"数"的方程	$x^2-1=0, x=2$	数
"函数"方程	$e^{xy}-x+y=1, y=x^2$	函数
微分方程(DE)②	$\dfrac{dy}{dx}=xy, dy=(x+y)dx,$ $\dfrac{\partial u}{\partial x}+\dfrac{\partial u}{\partial y}=f(x,y)$	函数(族)
积分方程	$f(x)=1+\displaystyle\int_0^x f(t)dt$	函数

2. 基本概念.

(1) 微分方程：含有未知函数的导数或微分的方程；

(2) 阶：未知函数的最高阶导数的阶；

(3) 解：满足 DE 的函数，即将函数代入方程可使方程成立：

(a) 通解：对于 n 阶 DE，含有 n 个独立任意常数的解；

(b) 定解条件：可以将通解中的独立任意常数唯一确定下来的条件，有初始条件、边界条件等；

(c) 特解：不含任意常数的解；

(d) 积分曲线：DE 的解函数对应的曲线；

(4) 线性方程：未知函数的各阶(包括 0 阶)导数项满足：

(a) 次数为 1；

(b) 系数与未知函数无关，比如不可出现类似 $y^2, y'^2, \sqrt{y}\, y'''$ 的项③.

3. [理解] 微分方程的求解思想：通过其逆运算(即积分)，消去微分，得到未知函数(族).

基础题

1. 指出下列微分方程的阶，填入题号后面的括号中：

(1) (   ) $xy\,dy+(x+y)dx=0$；

(2) (   ) $(y')^2+e^{xy}y=\cos x$；

(3) (   ) $x^2 y''+2y'+e^{-x}=0$；

(4) (   ) $xy'''-y''=\sin 2x$.

2. 选择题.

(1) 下列方程中(   )是常微分方程；

A. $x^2+y^2=a^2$
B. $y+\dfrac{d}{dx}(e^{\arctan x})=0$
C. $y=C_1 e^x+C_2 x e^x$
D. $y''=x^2+y^2$

---

① 方程：含未知数的等式，equation.

② DE：Differential Equation，微分方程.

③ 其他称为非线性方程. 对于非线性方程，若最高阶项为线性项，则称为拟线性方程.

(2) 微分方程 $y''+\omega^2 y=0$ 的通解是( )(其中 C,C_1,C_2 为任意常数);

　　A. $y=C\cos\omega x$　　　　B. $y=C\sin\omega x$
　　C. $y=C_1\cos\omega x+C_2\sin\omega x$　　D. $y=C\cos\omega x+C\sin\omega x$

(3) 微分方程 $F[x,y,(y'')^3,y^{(4)}]=0$ 的通解中含有独立任意常数的个数为( ).

　　A. 2　　　　B. 3　　　　C. 4　　　　D. 6

3. $y=(C_1+C_2 x)e^{2x}$ 中满足 $\begin{cases} y\big|_{x=0}=0,\\ y'\big|_{x=0}=1 \end{cases}$ 的曲线是_____.

4. 判断下列函数是否为所给微分方程的解.如果是解,是通解还是特解?

(1) $xy'=2y, y=5x^2+1$;　　(2) $y^2+e^{-x}y'=0, y=e^{-x}$.

提高题

5. 判断下列函数是否为所给微分方程的解.如果是解,是通解还是特解?

(1) $y''-2y'+y=0, y=x^2 e^x$;

(2) $\dfrac{d^2 y}{dx^2}+y=0, y=C_1\sin x+C_2\cos x$.

6. 验证 $y=x\sin x+2\cos x$ 是初值问题 $\begin{cases} y''=-x\sin x,\\ y\big|_{x=0}=2, y'\big|_{x=0}=0 \end{cases}$ 的解.

7. 如果可导函数 $y=f(x)$ 在点 (x,y) 处的切线斜率为 $k=2e^x$,且经过点$(1,2)$,则该函数满足的微分方程为_____,初始条件为_____,初值问题为_____.

综合题

8. 判断由 $xy-e^y=C$ 确定的隐函数是否为 $y+(x-e^y)\cdot y'=0$ 的解.如果是解,那么是通解还是特解?

习题 7-2 一阶微分方程

知识提要

1. 一阶 DE 的类型判断：先将方程整理为 $\dfrac{dy}{dx}=\cdots$ 的形式，然后判断

$$\dfrac{dy}{dx}=\begin{cases} P(x)Q(y), & \text{可分离变量,} \\ f\left(\dfrac{y}{x}\right), & \text{齐次,} \\ -P(x)y+Q(x), & \text{线性.} \end{cases}$$

2. 求解步骤.

(1) 可分离变量的 DE：
$$\dfrac{dy}{dx}=P(x)Q(y)\Rightarrow \dfrac{dy}{Q(y)}=P(x)dx\Rightarrow \int\dfrac{dy}{Q(y)}=\int P(x)dx;$$

(2) 齐次方程①： $\dfrac{dy}{dx}=f\left(\dfrac{y}{x}\right)\xrightarrow[y=xu,\,y'=u+xu']{\text{令}u=\frac{y}{x}}u+x\dfrac{du}{dx}=f(u)\Rightarrow \dfrac{du}{dx}=\dfrac{f(u)-u}{x}$，分离变量；

(3) 一阶线性 DE： $\dfrac{dy}{dx}=-P(x)y+Q(x)$.

(a) 常数变易法

(i) 首先,考虑对应的齐次问题 $\dfrac{dy}{dx}=-P(x)y\xrightarrow{\text{分离变量}} y=Ce^{-\int P(x)dx}$；

(ii) 然后,常数变易②：假设原问题的解为 $y=\varphi(x)e^{-\int P(x)dx}$，

代入原方程 $\Rightarrow \varphi'(x)=Q(x)e^{\int P(x)dx}$，积分求得 $\varphi(x)$ 即可；

(b) $\dfrac{dy}{dx}=-P(x)y+Q(x)$ 的通解公式为

$$y=e^{-\int Pdx}\left[\int Q\cdot e^{\int Pdx}dx+C\right]=Ce^{-\int Pdx}+e^{-\int Pdx}\int Q\cdot e^{\int Pdx}dx,$$

结构：非齐次方程的通解 $y=Y+y^*$，其中：

i. $Y=Ce^{-\int Pdx}$ 是齐次方程的通解；

ii. $y^*=e^{-\int Pdx}\int Q\cdot e^{\int Pdx}dx$ 是非齐次方程的特解,即"非通＝齐通＋非特".

基础题

1. 求下列可分离变量微分方程的通解或特解.

(1) $\dfrac{dy}{dx}=10^{x+y}$;   (2) $y'=1+x+y^2+xy^2$;

(3) $y'=e^{2x-y},\; y\big|_{x=0}=0$.

---

① 第一个箭头里的 $\dfrac{y}{x}$ 应理解为 $\dfrac{\text{因变量}}{\text{自变量}}$.

② 原问题与其齐次问题的区别仅在于"与未知函数无关的项" $Q(x)$ 是否非 0,故猜测其解的结构仅区别于常数 C 是否与自变量 x 有关.

2. 求下列齐次微分方程的通解或特解.

(1) $(x^2+y^2)\mathrm{d}x - xy\mathrm{d}y = 0$;

(2) $\left(x+y\cos\dfrac{y}{x}\right)\mathrm{d}x - x\cos\dfrac{y}{x}\mathrm{d}y = 0, y(1)=0.$

3. 求下列一阶线性微分方程的通解或特解.

(1) $\dfrac{\mathrm{d}y}{\mathrm{d}x} + y = \mathrm{e}^{-x}$;

(2) $y' + \dfrac{y}{x} = \dfrac{\sin x}{x}$;

(3) $\dfrac{\mathrm{d}y}{\mathrm{d}x} - y = \mathrm{e}^x \cos x$;

(4) $y' + 2y = 3, y\big|_{x=1} = 3$;

(5) $\dfrac{\mathrm{d}y}{\mathrm{d}x} - xy = 3x^2 \mathrm{e}^{\frac{x^2}{2}}, y\big|_{x=1} = 0.$

4. 将下列微分方程的类型填入题号后面的括号中(可多选).

(1)(　　)$y' = 2xy + x^2$;

(2)(　　)$x(\ln x - \ln y)dy - ydx = 0$;

(3)(　　)$2xdx - (y^3 - 1)dy = 0$.

　　A. 可分离变量的微分方程　B. 一阶齐次线性微分方程

　　C. 齐次微分方程　　　　　D. 一阶非齐次线性微分方程

5. 填空题.

(1) $e^x y' - 1 = 0$ 的通解为_____;

(2) $f'(x) + \dfrac{1}{x} f(x) = -1$ 的通解为_____;

(3) $y' + P(x)y = Q(x)$ 的通解为_____.

提高题

6. 将下列微分方程的类型填入题号后面的括号中(可多选).

(1)(　　)$(x+y)dy = (x-y)dx$;

(2)(　　)$\dfrac{dy}{dx} = \dfrac{y}{y-x}$;

(3)(　　)$y\ln y dx + (x - \ln y)dy = 0$.

　　A. 可分离变量的微分方程　B. 一阶齐次线性微分方程

　　C. 齐次微分方程　　　　　D. 一阶非齐次线性微分方程

7. 设微分方程 $xy' = y\ln \dfrac{y}{x}$,在 $x = 1$ 时 $y = e^2$,则当在 $x = -1$ 时,$y = (\quad)$.

　　A. -1　　　　　　B. 0

　　C. 1　　　　　　D. e^{-1}

8. 判断下列一阶微分方程的类型并求解.

(1) $\sec^2 x \tan y dx + \sec^2 y \tan x dy = 0$;

(2) $(e^{x+y} + e^x)dx + (e^{x+y} - e^y)dy = 0$;

(3) $x\dfrac{dy}{dx} = y(\ln y - \ln x)$;

(4) $\dfrac{dy}{dx} = \dfrac{y}{x-y}$;

(5) $y' + y\tan x = \sin 2x$;

(6) $(x^2+1)\dfrac{dy}{dx} + 2xy = 3x^2$;

(7) $\dfrac{dy}{dx} = \dfrac{y}{x+y^3}$;

(8) $(1+x^2)\dfrac{dy}{dx} = \arctan x$, $y(0)=0$;

(9) $y'\sin x = y\ln y$, $y\big|_{x=\frac{\pi}{2}} = e$;

(10) $\dfrac{dy}{dx} - y\tan x = \sec x$, $y\big|_{x=0} = 0$.

综合题

9. 设曲线上的任意点 $P(x,y)$ 处的切线斜率为 $\dfrac{x}{y}$, 且曲线经过点 $(-2,1)$, 则该曲线方程为 _____, 该曲线是 _____.

10. 设 $y=y(x)$ 在点 x 处的增量为 $\Delta y = 2x\Delta x + o(\Delta x)$, 且 $y(0)=1$, 则 $y(2)=(\quad)$.

  A. 2　　　　B. 4　　　　C. 5　　　　D. 8

11. 求微分方程 $xy' + (1-x)y = e^{2x}$ $(0<x<+\infty)$, $\lim\limits_{x\to 0^+} y(x) = 1$ 的特解.

12. 设 $f(x)$ 具有连续的一阶导数，且满足 $f(x) = 1 + \int_0^x f(t)\mathrm{d}t$，则 $f(x) = $ _____.

思考题

13. 设 $f(x)$ 具有连续的一阶导数，且满足 $f(x) = \int_0^x (x^2 - t^2) f'(t)\mathrm{d}t + x^2$，求 $f(x)$.

14. 求一连续可导函数 $f(x)$，使其满足方程 $f(x) = \sin x - \int_0^x f(x-t)\mathrm{d}t$.

习题 7-3 可降阶的高阶微分方程

知识提要

可降阶的高阶 DE 的类型判断：先将方程整理为 $y^{(n)} = \cdots$ 的形式，然后判断．

	特　点	求解思路
$y^{(n)} = f(x)$	右端不含因变量	连续关于自变量 x 积分 n 次即可
$y^{(n)} = f(x, y^{(n-1)})$	右端不含低阶项 $(0 \sim n-2\ \text{阶})$	$\xrightarrow[y^{(n)} = p' = \frac{\mathrm{d}p}{\mathrm{d}x}]{\text{令}\ p = y^{(n-1)}} \frac{\mathrm{d}p}{\mathrm{d}x} = f(x, p)$ $\xrightarrow[\text{求解}]{\text{一阶方程}} y^{(n-1)} = p = \varphi(x)$，积分 $n-1$ 次
$y'' = f(y, y')$	二阶方程 不显含自变量	$\xrightarrow[y'' = \frac{\mathrm{d}p}{\mathrm{d}x} = \frac{\mathrm{d}p}{\mathrm{d}y}\cdot\frac{\mathrm{d}y}{\mathrm{d}x} = \frac{\mathrm{d}p}{\mathrm{d}y}\cdot p]{\text{令}\ p = y'} \frac{\mathrm{d}p}{\mathrm{d}y} = \frac{f(y,p)}{p}$ （不含 x，视 y 为新自变量） $\xrightarrow[\text{求解}]{\text{一阶方程}} \frac{\mathrm{d}y}{\mathrm{d}x} = p = \varphi(y)$，分离变量

基础题

1. $y''' = \sin x$ 的通解为 _____.

2. 求下列微分方程的通解．

(1) $y'' = \dfrac{1}{\sqrt{x}} + e^{2x}$;　　　　(2) $xy'' = y' + x^2$;

(3) $yy'' = y'^2$.

3. 选择题.

(1) 求解 $(1+x)y'' + y' = \ln(1+x)$ 的过程中,令 $y' = p$,下列正确的是( );

A. $y'' = p'$
B. $y'' = p\dfrac{\mathrm{d}p}{\mathrm{d}x}$
C. $y'' = p\cdot\dfrac{\mathrm{d}p}{\mathrm{d}x}$
D. $y'' = p'\dfrac{\mathrm{d}p}{\mathrm{d}y}$

(2) $y' + y'' = x$ 满足初始条件 $y'(2)=1, y(2)=1$ 的解是( ).

A. $y = (x-1)^2$
B. $y = \left(x+\dfrac{1}{2}\right)^2 - \dfrac{21}{4}$
C. $y = \dfrac{1}{2}(x-1)^2 + \dfrac{1}{2}$
D. $y = \dfrac{1}{2}(x-1)^2 - \dfrac{5}{4}$

提高题

4. 选择题.

(1) $y'' - 2y(y')^3 = 0$ 满足初始条件 $y'\big|_{x=0} = -1, y\big|_{x=0} = 1$ 的解是( );

A. $\dfrac{y^3}{3} = x + \dfrac{1}{3}$
B. $\dfrac{x^3}{3} = y - 1$
C. $\dfrac{y^3}{3} = -x + \dfrac{1}{3}$
D. $\dfrac{x^3}{3} = -y + 1$

(2) 微分方程 $(1-x^2)y'' - xy' = 0$ 满足初始条件 $y'\big|_{x=0}=1, y\big|_{x=0}=0$ 的解是( ).

A. $y = \dfrac{1}{2}\arcsin x$
B. $y = \arcsin x$
C. $y = \arcsin\left(x - \dfrac{\pi}{4}\right) + \dfrac{\sqrt{2}}{2}$
D. $y = \arcsin\left(x + \dfrac{\pi}{4}\right) - \dfrac{\sqrt{2}}{2}$

5. 求 $y'' e^y = y'$ 满足初始条件 $y'\big|_{x=1}=-1, y\big|_{x=1}=0$ 的特解.

6. 求 $y'' = yy'$ 满足初始条件 $y'\big|_{x=1}=2, y\big|_{x=1}=-2$ 的特解.

7. $y'' = y'''$ 的通解为_____.

综合题

8. 求下列微分方程的通解.

(1) $y'' = 2x\ln x$; (2) $y'' = \dfrac{1}{1+x^2}$.

习题 7-4　常系数齐次线性微分方程

知识提要

注：为叙述简便，下述"**方程**"均指"**常系数齐次线性微分方程**".

1. n 阶方程通解的结构：设 $y_1, y_2, \cdots, y_n$ 为方程的 n 个线性无关的特解，则通解为这些特解的线性组合 $y = \sum_{i=1}^{n} C_i y_i$.

2. 线性相关与线性无关.

	[了解] n 个函数	2 个函数
线性相关	存在不全为 0 的常数 C_i 使 $\sum_{i=1}^{n} C_i y_i = 0$	$\dfrac{y_1}{y_2} = C \neq 0$
线性无关	若 $\sum_{i=1}^{n} C_i y_i = 0$，则常数 C_i 必全为 0	$\dfrac{y_1}{y_2} \neq C$

3. 特征方程及**方程**特解.

(1) n 阶及**方程**特解 $\sum_{i=1}^{n} a_i y^{(i)} = 0$ 的特征方程①为 $\sum_{i=1}^{n} a_i r^i = 0$;

(2) **方程**特解的基本形式：$y = e^{rx}$;

(3) 特征方程有 k 重根② $r_1 = r_2 = \cdots = r_k = r$ 时，**方程**特解为 $e^{rx}, xe^{rx}, \cdots, x^{k-1} e^{rx}$.

4. 二阶**方程** $y'' + py' + qy = 0$ 的特解及通解

(1) 特征方程为 $r^2 + pr + q = 0$;

(2) 特解为

$\Delta = p^2 - 4q$	2 个特征根	2 个线性无关的特解 y_1, y_2
> 0	不同实根 r_1, r_2	$y_1 = e^{r_1 x}, y_2 = e^{r_2 x}$
$= 0$	相同实根 $r_1 = r_2 = r$	$y_1 = e^{rx}, y_2 = xe^{rx}$
$< 0$③	共轭复根 $\alpha \pm i\beta$	$y_1 = e^{\alpha x} \cos\beta x, y_2 = e^{\alpha x} \sin\beta x$

(3) 通解为 $y = C_1 y_1 + C_2 y_2$，其中 C_1, C_2 为任意常数.

基础题

1. 填空题.

(1) 微分方程 $y'' + 2y' + y = 0$ 的特征方程为＿＿＿＿＿；

(2) 特征方程 $r^2 - 2r + 3 = 0$ 对应的常系数齐次线性微分方程为＿＿＿＿＿；

(3) 若微分方程 $y'' + py' + qy = 0$ (p, q 均为实常数)的特征方程有两个不相同的实根 r_1, r_2，则该方程的通解为＿＿＿＿＿.

2. 求下列二阶常系数齐次线性微分方程的通解.

(1) $y'' + y' - 2y = 0$;　　　　(2) $y'' + y = 0$;

---

① 特征方程的意义：结合线性代数中的多项式分解定理，可将高阶方程的特解问题转化为 2 阶和 1 阶方程的特解问题.

② 实根及共轭复根都适用.

③ 借鉴 $\Delta > 0$ 的情况：通解

$y = \widetilde{C}_1 e^{(\alpha + i\beta)x} + \widetilde{C}_2 e^{(\alpha - i\beta)x} = e^{\alpha x} (\widetilde{C}_1 e^{i\beta x} + \widetilde{C}_2 e^{-i\beta x}) \xrightarrow[e^{i\theta} = \cos\theta + i\sin\theta]{\text{Euler 公式}} e^{\alpha x} (C_1 \cos\beta x + C_2 \sin\beta x)$.

(3) $y'' - 4y' + 5y = 0$.

3. 求下列微分方程满足所给初始条件的特解.

(1) $y'' + 2y' = 0$, $y\big|_{x=0} = 6$, $y'\big|_{x=0} = 10$;

(2) $y'' - 4y' + 4y = 0$, $y\big|_{x=0} = 1$, $y'\big|_{x=0} = 0$.

提高题

4. 若 $y'' + py' + qy = 0$ (p, q 均为实常数) 有特解 $y_1 = e^x$, $y_2 = e^{-x}$, 则 $p = \underline{\qquad}$, $q = \underline{\qquad}$.

5. 若某个二阶常系数齐次线性微分方程的通解为 $y = C_1 + C_2 x$ (其中 C_1, C_2 为任意常数), 则该微分方程为 $\underline{\qquad}$.

6. 选择题.

(1) 已知 $y_1 = \cos\omega x$, $y_2 = 3\cos\omega x$ 是方程 $y'' + \omega^2 y = 0$ 的解, 则 $y = C_1 y_1 + C_2 y_2$ (C_1, C_2 为任意常数) (   );

    A. 是方程的通解   B. 是方程的解, 但不是通解

    C. 是方程的一个特解   D. 不一定是方程的解

(2) 设 $y = e^x$ 是方程 $y'' + py' - 2y = 0$ 的一个特解, 则 $p = $ (   ).

    A. -1 B. 0 C. 1 D. 2

综合题

7. 验证 $y = e^{-x}\sin x$ 是 $y'' + 2y' + 2y = 0$ 的一条在原点处与直线 $y = x$ 相切的积分曲线.

习题 7-5　常系数非齐次线性微分方程

知识提要

1. n 阶常系数非齐次线性微分方程的通解结构:"非通＝齐通＋非特".

2. "非特"结构:设 y_k^* 为 $\sum_{i=1}^{n} a_i y^{(i)} = f_k(x)$ 的特解,则 $y^* = \sum_{k=1}^{m} b_k y_k^*$ 为 $\sum_{i=1}^{n} a_i y^{(i)} = \sum_{k=1}^{m} b_k f_k(x)$ 的特解①.

3. 二阶方程的特解形式:设右端项

(1) $f(x) = P_m(x) e^{\lambda x}$,则 $y^* = x^k P_m(x) e^{\lambda x}$,其中 λ 是特征方程的 k 重根;

(2) $f(x) = [P_m(x)\cos\omega x + P_n(x)\sin\omega x] e^{\lambda x}$,则
$$y^* = x^k [P_l^{(1)}(x)\cos\omega x + P_l^{(2)}(x)\sin\omega x] e^{\lambda x},$$

其中 $l = \max\{m, n\}$, $k = \begin{cases} 1, & \lambda + i\omega \text{ 是单特征根,} \\ 0, & \lambda + i\omega \text{ 不是特征根.} \end{cases}$

基础题

1. 选择题.

(1) 设方程 $y'' - 2y' - 3y = f(x)$ 有特解 y^*,则它的通解为(　　);
　A. $y = C_1 e^x + C_2 e^{-3x} + y^*$　　B. $y = C_1 e^{-x} + C_2 e^{3x} + y^*$
　C. $y = C_1 e^{-x} + C_2 e^{3x} + y^*$　　D. $y = C_1 x e^{-x} + C_2 x e^{3x} + y^*$

(2) 微分方程 $y'' + y' - 2y = x$ 的特解 y^* 的形式为(　　);
　A. $y^* = ax + b$　　　　　B. $y^* = x(ax + b)$
　C. $y^* = ax$　　　　　　　D. $y^* = ax^2 + bx + c$

(3) 微分方程 $y'' - 2y' = xe^{2x}$ 的特解 y^* 的形式为(　　);
　A. $y^* = (ax+b)e^{2x}$　　B. $y^* = axe^{2x}$
　C. $y^* = ax^2 e^{2x}$　　　D. $y^* = x(ax+b)e^{2x}$

(4) 微分方程 $y'' + 9y = \sin 3x$ 的特解 y^* 的形式为(　　).
　A. $y^* = a\sin 3x + b\cos 3x$
　B. $y^* = x(a\sin 3x + b\cos 3x)$
　C. $y^* = a\sin 3x$
　D. $y^* = ax\sin 3x$

2. 填空题.

(1) 微分方程 $y'' - 2y' + y = (x+2)e^x$ 的特解 y^* 的形式为_____;

(2) 微分方程 $y'' + y = x\sin x$ 的特解 y^* 的形式为_____.

3. 求微分方程 $y'' + y = e^x \cos 2x$ 的一个特解.

提高题

4. 微分方程 $y'' + 3y' = x + 1 + e^{-3x}$ 的特解 y^* 的形式为_____.

---

①　该性质可由线性波的叠加原理理解:线性方程可视为线性波,不同的力(方程的右端项)对应不同的单色波.

5. 求微分方程 $y''-y=4xe^x$ 满足初始条件 $y|_{x=0}=0, y'|_{x=0}=1$ 的特解.

综合题

6. 求微分方程 $y''-2y'+y=x$ 的通解.

习题 7-6 微分方程的应用

基础题

1. 曲线上点 $P(x,y)$ 处的法线与 x 轴的交点为 Q，且 PQ 被 y 轴平分，则该曲线满足的微分方程为_____.

2. 一个质点受地球引力作用，从高处作自由落体运动，设运动方程为 $s=s(t)$，则该质点满足的初值问题为_____.

3. 某种气体的气压 P 对温度 T 的变化率与气压成正比，与温度的平方成反比，将此问题用微分方程可表示为(　　).

A. $\dfrac{dP}{dT}=-kPT^2$　　B. $\dfrac{dP}{dT}=-PT^2$

C. $dP=\dfrac{kP}{T^2}dT$　　D. $dP=\dfrac{P}{T^2}dT$

提高题

4. 质量为 m 的火车沿水平轨道运动，机车的牵引力为常数 F，运动时的阻力为 $f=a+bv$（其中 a,b 为常数，v 为火车速度）. 该火车由静止开始运动，求其运动方程.

5. 底面半径为 R 的圆柱形水桶中水深 H. 因桶底有裂缝而漏水,漏水速度与水深成正比. 若 1 小时后漏出的水是原来的 $k\%$,求 t 小时后的水深.

6. 已知跳伞运动员打开降落伞时的速度为 $v_0=176\text{m/s}$,假设空气阻力为 $\frac{mg}{256}v^2$(其中 m 为人伞系统的总质量),试求降落伞打开后 t 秒时的运动速度及其极限速度.

7. 一质量为 m 的物体,在粘性液体中由静止开始下沉. 假设液体阻力 f 与下沉速度 v 成正比($f=kv$),试求物体运动的规律.

综合题

8. 在经过原点和点 $(2,3)$ 的单调光滑曲线上任取一点,作 x,y 轴的平行线,其中一条平行线与 x 轴及曲线围成的面积是另一条平行线与 y 轴及曲线围成的面积的 2 倍,求该曲线的方程.

思考题

9. 有一条连接两点 $A(0,1)$,$B(1,0)$ 的曲线,它位于弦 AB 的上方. 设 $P(x,y)$ 为曲线上任意一点,已知曲线与弦 AP 所围平面图形的面积为 x^3,求该曲线的方程.

习题 7-P 程序实现

1. 解析解.

本章所述"微分方程的解"为解析解,即将因变量表示为自变量的精确函数表达.

(1) 下列 MATLAB 程序可用于求 $\dfrac{\mathrm{d}y}{\mathrm{d}x}=\dfrac{y}{x}$ 的解析解,试编程求解 $\dfrac{\mathrm{d}y}{\mathrm{d}x}=\dfrac{y^2}{\sqrt{1-x^2}}$;

```
clear; clc;
dsolve('Dy = y/x ,'x')
```

(2) 下列 MATLAB 程序可用于求 $\dfrac{\mathrm{d}y}{\mathrm{d}x}=\dfrac{y}{x}$, $y\big|_{x=1}=2$ 的解析解,试编程求解 $\dfrac{\mathrm{d}y}{\mathrm{d}x}=\dfrac{y^2}{\sqrt{1-x^2}}$, $y\big|_{x=0}=1$;

```
clear; clc;
dsolve('Dy = y/x','y(1) = 2','x')
```

(3) 下列 MATLAB 程序可用于求 $\dfrac{\mathrm{d}^2 y}{\mathrm{d}x^2}=0$ 的解析解,试编程求解 $\dfrac{\mathrm{d}^2 u}{\mathrm{d}t^2}-3\dfrac{\mathrm{d}u}{\mathrm{d}t}+2u=0$;

```
clear; clc;
y = dsolve('D2y = 0','x')
```

(4) 下列 MATLAB 程序可用于求 $\dfrac{\mathrm{d}^2 y}{\mathrm{d}x^2}=0$, $y\big|_{x=0}=2$, $y'\big|_{x=0}=1$ 的解析解,试编程求解 $\dfrac{\mathrm{d}^2 s}{\mathrm{d}t^2}+\dfrac{\mathrm{d}s}{\mathrm{d}t}-2s=4t$, $s\big|_{t=0}=2$, $\dfrac{\mathrm{d}s}{\mathrm{d}t}\big|_{t=0}=-5$;

```
clear; clc;
dsolve('D2y = 0','y(0) = 2, Dy(0) = 1','x')
```

(5) 试编程求解 $10u\dfrac{\mathrm{d}u}{\mathrm{d}t}=\dfrac{\mathrm{d}^2 u}{\mathrm{d}t^2}$, $u\big|_{t=0}=0$, $\dfrac{\mathrm{d}u}{\mathrm{d}t}\big|_{t=0}=5$,并利用 ezplot 作出解的图像.

2. 数值解.

数值解指求得某些点处的近似函数值,或者求得精确积分曲线的一条近似曲线.

(1) 下列方法可用于得到 $\dfrac{\mathrm{d}y}{\mathrm{d}x}=\dfrac{x}{y}$, $y\big|_{x=0}=3$ 在 $[0,4]$ 上的数值解及其图像:

第 1 步:将方程编写为函数 fode,并保存为文件 fode.m;

```
function dy = fode(x,y)
dy = x/y;
end
```

第 2 步:在命令窗口中运行或者在 m 文件中编写后运行下

列程序段,

```
clear; clc
[x,y] = ode45(@fode,[0,4],3);
plot(x,y)
```

试编程求解 $\dfrac{\mathrm{d}y}{\mathrm{d}x}=\dfrac{y^2}{\sqrt{1-x^2}}$, $y\big|_{x=0}=1$ 并作出数值解的图像;

(2) 对于高阶常微分方程,需转化为一阶方程组求解. 比如求解 $\dfrac{\mathrm{d}^2 y}{\mathrm{d}x^2}+y=\dfrac{x^2}{10}(x\in[0,\pi])$, $y\big|_{x=0}=\dfrac{4}{5}$, $y'\big|_{x=0}=1$,需进行如下三步:

第 1 步:令 $\dfrac{\mathrm{d}y}{\mathrm{d}x}=z$,将方程化为一阶方程组,

$$\begin{cases} \dfrac{\mathrm{d}y}{\mathrm{d}x}=z, & x\in[0,\pi], \\ \dfrac{\mathrm{d}z}{\mathrm{d}x}+y=\dfrac{x^2}{10}, & x\in[0,\pi], \\ y\big|_{x=0}=\dfrac{4}{5}, & z\big|_{x=0}=1; \end{cases}$$

第 2 步:将方程编写为函数 fode,并保存为文件 fode.m;

```
function dY = fode(x,Y)
% 用向量 Y 表示方程组中的 y 和 z,用向量 dY 表示 dy/dx 和 dz/dx
dY = zeros(2,1);              % 要求为列向量
dY(1) = Y(2);
dY(2) = x^2/10 - Y(1);
end
```

第 3 步:在命令窗口中运行或者在 m 文件中编写后运行下列程序段,

```
clear; clc;
[x,Y] = ode45(@fode,[0,pi],[4/5,1]);
% ode45 的返回值中,向量 x 为自变量,Y 为方程中的 y,z 等
plot(x,Y(:,1))                % 作出近似解 y 与 x 的关系图
```

试编程求解 $\dfrac{\mathrm{d}^2 s}{\mathrm{d}t^2}+\dfrac{\mathrm{d}s}{\mathrm{d}t}-2s=4t(t\in[0,3])$, $s\big|_{t=0}=2$, $\dfrac{\mathrm{d}s}{\mathrm{d}t}\big|_{t=0}=-5$,并作出数值解的图像;

(3) 在 MATLAB 的命令窗口中输入 help ode45,查看运行结果,了解求解常微分方程的函数及其适用范围和用法.

总习题 7

1. 写出下列微分方程对应的最佳名称.

(1) $(x^2-y^2)\mathrm{d}y=xy\mathrm{d}x$(　　);

(2) $y''\cdot y'+y=0$(　　);

(3) $(y'')^2+y'=\sin x$(　　);

(4) $y''+3y'+4y=0$(　　);

(5) $(1+\ln x)\ln y\cdot\dfrac{\mathrm{d}y}{\mathrm{d}x}+y=0$(　　);

(6) $\csc x\cdot\dfrac{\mathrm{d}y}{\mathrm{d}x}=y+\mathrm{e}^x$(　　);

(7) $y''+xy'+y=\mathrm{e}^x\cos x$(　　);

(8) $xy'''+4xy'+5y=\mathrm{e}^x$(　　).

　　A. 可分离变量的微分方程

　　B. 齐次微分方程

　　C. 一阶线性非齐次微分方程

　　D. 可降阶的高阶微分方程

　　E. 二阶常系数线性齐次微分方程

　　F. 二阶线性非齐次微分方程

　　G. 三阶线性非齐次微分方程

2. 选择题.

(1) 微分方程 $y''-6y'+9y=(x+1)\mathrm{e}^{3x}$ 的特解 y^* 的形式为(　　);

　　A. $y^*=(ax+b)\mathrm{e}^{3x}$　　B. $y^*=x(ax+b)\mathrm{e}^{3x}$

　　C. $y^*=x^2(cx+b)\mathrm{e}^{3x}$　　D. $y^*=(x+1)\mathrm{e}^{3x}$

(2) 设 $y_1,y_2(y_1\neq y_2)$ 都是非齐次线性微分方程 $y''+a(x)y'+b(x)y=f(x)$ 的特解,其中 a,b,f 都是已知函数,则对于任意常数 C_1,C_2,函数 $y=(1-C_1-C_2)y_1+(C_1+C_2)y_2$(　　).

　　A. 是方程的通解

　　B. 不是方程的解

　　C. 是方程的特解

　　D. 是解,但不是方程的通解也不是特解

3. 填空题.

(1) $x(y^2-1)\mathrm{d}x+y(x^2-1)\mathrm{d}y=0$ 的通解为_____;

(2) $\dfrac{\mathrm{d}y}{\mathrm{d}x}+\dfrac{y}{x}=1$ 的通解为_____;

(3) $y''+2y'+5y=0$ 的通解为_____;

(4) $y'''=\mathrm{e}^x+\cos x$ 的通解为_____;

(5) 已知曲线 $y=y(x)$ 过点 $(0,1)$,且其上任意一点 (x,y) 处的切线斜率为 $2x\ln(1+x^2)$,则 $f(x)=$_____;

(6) 若某个二阶常系数齐次线性微分方程的通解为 $y=(C_1+C_2x)\mathrm{e}^x$,其中 C_1,C_2 为任意常数,则该微分方程为_____;

(7) 设 $1,x,x^2$ 是 $y''+p(x)y'+q(x)y=f(x)$ 的三个特解,则该微分方程的通解为_____.

4. 计算题.

(1) 求 $y'=\dfrac{y}{x}+\tan\dfrac{y}{x}$ 的通解;

(2) 求 $\sin x \cdot y' - 1 = 0$ 的通解；

(3) 求 $\cos x \cdot \dfrac{dy}{dx} = y\sin x + \cos^2 x$ 满足初始条件 $y\big|_{x=\pi} = 1$ 的特解；

(4) 求 $xy'' = 2y'$ 的通解；

(5) 求 $y'' - 4y' + 3y = 0$ 满足初始条件 $y\big|_{x=0} = 3, y'\big|_{x=0} = 5$ 的特解.

5. 设连续函数 $f(x)$ 满足 $f(x) = e^x + \int_0^x (t-x)f(t)dt$，求 $f(x)$.

6. 有一根长 6m 的均匀链条，一半放在充分高的光滑水平桌面上，一半自然下垂. 假定该链条从静止状态开始滑落，试问需要多少时间才能滑过桌面.